美国农业面源污染治理制度研究

|◎ 李　静　著|

U0348932

中国农业科学技术出版社

图书在版编目（CIP）数据

美国农业面源污染治理制度研究 / 李静著 . -- 北京：
中国农业科学技术出版社，2022.10
　　ISBN 978-7-5116-5959-0

　　Ⅰ.①美… Ⅱ.①李… Ⅲ.①农业污染源－面源
污染－污染防治－美国 Ⅳ.① X501

中国版本图书馆 CIP 数据核字（2022）第 185565 号

责任编辑 马维玲
责任校对 李向荣
责任印制 姜义伟　王思文

出 版 者 中国农业科学技术出版社
　　　　　　北京市中关村南大街 12 号　　邮编：100081
电　　话 （010）82109194（编辑室）（010）82109702（发行部）
　　　　　　（010）82109702（读者服务部）
网　　址 https://castp.caas.cn
经 销 者 各地新华书店
印 刷 者 北京建宏印刷有限公司
开　　本 170 mm×240 mm　1/16
印　　张 6.5
字　　数 86 千字
版　　次 2022 年 10 月第 1 版　2022 年 10 月第 1 次印刷
定　　价 50.00 元

前　言

在美国，"面源"这个词被定义为任何不符合1987年《清洁水法》第502（14）条规定的"点源"定义的水污染源。面源污染具有来源广、成因复杂、随机性强、潜伏周期长等客观属性，主要由降水、地表径流、渗透、排水、泄漏、水文条件的变化以及大气沉积引起；其控制完全不同于点源污染控制，而且要求有不同的控制策略，比点源污染控制更困难，政策研究是难点和重点。

我国在实施削减国家水污染规划中将重点放在了传统的点源污染上。然而，当前我国的河流、溪流、湖泊、河口、沿海水域及湿地的水质下降，大多数都是由面源污染源引起的，主要包括农业活动、城区雨水的排放和下水道连接处污水的溢出等。我国面源污染研究始于20世纪80年代初，有关面源管理的政策和举措还在尝试摸索阶段，立法目的、调整重点、管理体制、调控机制、管理措施和实施保障等方面还有待进一步完善。

在实施削减国家水污染规划的15年里（1972—1987年），美国国家环境保护局（U.S. Environmental Protection Agency，USEPA）和各州将水污染控制活动的重点放在了传统的点源污染上。然而，仍未使全国水体水质达到清洁水法的"游泳和钓鱼"目标。各州越来越关注面源污染，水污染治理重心开始转移。1987—1990年面源污染治理进入新时代。1987年，国会以水质法案（Water Quality Act，WQA）的形式补充修订了清洁水法（Clean Water Act，CWA），修订后要

i

求重点实施基于水质的排放限制，即制定并实施最大日负荷总量计划（Total Maximum Daily Loads，TMDL）。1990—1996 年国家计划、技术指南密集推出。20 世纪 90 年代初出版了一系列 TMDL 计划的制定和实施指南、细则等，并不断完善。新的 TMDL 计划法则使得 TMDL 计划的制定更为顺畅。1996 年及以后开始有效、灵活地加快面源计划。截至 2009 年 2 月，美国已有 18 个州实施或开始规划，另外还有州际的流域排污权交易。截至 2010 年 8 月，美国各州制定的 TMDL 计划数量已达 40 000 个。基于经济鼓励政策的尝试也不断发展。

根据美国宪法，联邦政府负责制定水资源管理的总体政策和规章，由州负责实施，这样就形成了两级水资源管理机构。在《清洁水法》的总体框架下，美国政府制定了一系列重要的政策措施，主要包括：美国国家环境保护局（U.S. Environmental Protection Agency，USEPA）、美国国家大气和海洋管理局（National Oceanic and Atmospheric Administration，NOAA）、美国农业部（United States Department of Agriculture，USDA）及美国地质调查局（United States Geological Survey，USGS）等部门提出的一系列面源管理国家行动。同时，给出了一系列的面源评价、管理计划、最佳管理实践、资金来源及角色定位等计划制定和实施指南、细则等，并不断完善。2008 年美国国家环境保护局完成了第 2 次全国面源治理总体评估，通过选取成功案例区，分析区域内水环境的整体状况、面源污染特征、主要来源、解决面源污染而采取的主要手段及取得的成效，进一步指导今后的活动，促进改善面源污染治理规划和管理。

我国真正意义上的面源污染研究开始于 20 世纪 80 年代的北京城市径流污染研究及全国湖泊、水库富营养化调查和河流水质规划研究。但国内面源研究范围较窄，管理实践进展也较为缓慢。我国现行法律对面源污染的控制极其少见。尽管我国《中华人民共和

国环境保护法》第二十条,《中华人民共和国水法》第三十条、第
三十一条,《中华人民共和国农业法》第五十七条、第五十八条、第
五十九条均涉及对面源污染的管理,但是,这些有关面源污染防治
的规定过于原则,未能明显地体现出对面源污染的控制措施。近年
来,农村大规模畜禽养殖造成的污染已引起政府的关注,国家环境
保护总局已分别于 2002 年和 2003 年正式发布了《畜禽养殖业污染
防治技术规范》和《畜禽养殖业污染物排放标准》,这是我国在面源
污染管理方面的重要举措,但对于日益严峻的面源污染形势来说还
是远远不够。

　　美国的面源水污染防治策略体系,经过了国会对《清洁水法》
《水质法》的不断修正、法庭的解释、国家环境保护总局法规的更
新、州政府的补充、环保人士的监督、排污者的挑战,不断完善成
为目前相当完整和有效的管理策略。他山之石,可以攻玉,美国的
成功经验值得研究和借鉴。

著　者

2022 年 6 月

目　录

1

美国农业面源污染的特点

面源污染已经严重威胁着地表水环境，全球 30 %～50 % 的地表水受到面源污染的影响。在美国，60 % 的水环境污染起源于面源，此一项对农业造成的损失每年高达 30 亿美元，间接经济损失 20 亿美元。在我国，黄浦江上游、安徽太湖、上海淀山湖、江苏太湖上游地区等，也存在着严重的面源污染，已极大地影响了这些地区的水资源利用。

1.1 面源污染的基本特点

面源污染主要是由降水、土壤径流、渗透、排水、泄漏、水文条件的变更以及大气沉积引起的。降水或融雪水的流动而形成的径流，携带输送了由自然和人类活动产生的污染物，并最终将它们沉积到河流、湖泊、湿地、沿海水域和地下水中。从技术上说，在美国"面源"这个词被定义为任何不符合 1987 年《清洁水法》第 502（14）条规定的"点源"定义的水污染源。点源污染一般是在某些可确定的地点进入接收水体的，而且它携带的污染物的产生是由一些内部过程或者活动控制的，而不是受天气影响。例如，生活废水和工业废水，固体废物填埋厂和集中的动物饲养业产生的地表径流和浸析液，以及大城市中心的下水管道的排水口这样的点源污染排放就要受到《清洁水法》的管制，并要求拥有许可证。

尽管让管理者们的理解和管理与法定的定义和要求相一致是非常必要的，但是非法律团体常常以下列方式描述面源污染的特征。

①面源排放物在与气候条件相关联的时间间隔点上以分散的方式进入地表或地下水。

②污染物来源于广阔的地域范围，并且在地表运动，最终汇入地表水或者渗入地下水。

③面源污染的程度与不可控的气候变化及地理、地质条件有关，并且在不同地点、不同年份有很大的不同。

④与点源污染的监测相比，在污染的发源地对面源污染的程度进行监测，往往难度更大，费用更昂贵。

⑤面源污染的消除，重点在于土地和地表径流的管理实践，而不是流失物的治理。

⑥面源污染物可能会以空降污染物的形式输送和堆积。

20 世纪 60 年代以前，人们一直认为点源是造成水污染的主要原因，由暴雨径流等所造成的面源污染，一直未为人们所认识。后来随着人们对点源污染控制的重视，点源污染已经得到较好的控制和管理，但是经过几年的监测，结果表明，即使实行零排放，水质并未发生明显的改善。经调查发现，广泛存在的非点污染源是造成水污染的主要原因。因此，20 世纪 60 年代，发达国家开始关注面源污染，20 世纪 70 年代起进行系统研究，并付诸管理实践。在发展中国家，相对于点源污染而言，面源污染当时仍未引起应有的重视（表 1.1）。

表 1.1　面源污染与点源污染的主要特征比较

项目	面源污染	点源污染
特征	1. 高度动力学的，具有随机性、间歇性、变化范围常超过几个数量级 2. 最严重的影响是在暴雨中或之后，即洪水时期 3. 入水口一般不能测量，不能在发生之处进行监测，真正的源头难以或无法追踪 4. 受降水量、降水强度、降水时间、降水水质等水文参数影响，历时一般有限 5. 受流域下垫面特征影响 6. 几乎所有的水体受面源污染的影响 7. 污染物以扩散方式排放，时断时续 8. 污染物种类几乎包括所有的污染物 9. 污染发生在广阔的土地上，发生地表径流的地区，即为产生面源污染的地区 10. 污染物的迁移转化很复杂，与人类的活动有直接关系	1. 较稳定的水流和水质 2. 枯水期影响最严重（特别是夏季中的枯水期） 3. 入水口能测量，以离散方式测量，其影响可以直接评价 4. 与流域气候、水文关系不大，历时一般较长 5. 与流域下垫面特征基本无关 6. 一定范围的河段受到影响 7. 污染物以连续方式排放 8. 污染物种类不如面源广泛 9. 在连续使用的小单元土地上不断发生 10. 污染物的迁移相对简单

　　影响最大的面源污染物是沉积物、营养物质、有毒化合物、有机物和病原体。水文条件的变化也可能对地表水和地下水的生物、物理完整性产生不利影响。

1.2　美国农业面源污染的主要原因

　　国家水质评估的结论为面源污染是造成美国地表水污染的首要原因。评估显示，农业是导致河流和湖泊水质变坏的分布最广的污染源。各州的报告表明，48 % 的受污染河段、41 % 的受污染湖面都是由农业面源污染造成的。

　　主要的农业面源污染物包括营养物质、沉积物、动物排泄物、盐和农药。农业活动还可能通过由牲畜或设备引起的物理干扰而直接影响水生物种的栖息地。尽管农业面源污染是一个严重的全国性问题，在过去的几十年里，在减少私有农田中沉积物和营养物方面仍然取得了许多成就。

1.2.1 营养物质

氮（N）和磷（P）是农田中使水质退化的 2 种主要营养物质，商业化肥和肥料是农业营养物质的主要来源。营养物质以几种不同的形式被用于农田，其来源也各不相同。

①含氮、磷、钾（K）、二级营养物质和微量元素的干燥的或液状的商业化肥。

②动物生产设施如家畜的草垫和其他排泄物产生有机肥料，除这种肥料外，还产生含有氮、磷、钾、二级营养物质、微量元素、盐类、某些金属和有机物等成分的物质。

③含氮、磷、钾、二级营养物质、微量元素、盐类、金属和有机物的生活污水和工业处理厂排出的污水。

④含氮、磷、钾、二级营养物质和微量元素的豆类和庄稼残留物。

⑤灌溉用水。

⑥野生动植物。

⑦大气沉积的营养物质如氮、磷和硫。

此外，有机物质的分解和庄稼的残留物也可能会产生动态的氮、磷和其他基本庄稼营养物质。

施用营养物质的农田的地表水径流可能会输送下列污染物。

①微粒状的营养物质、化学物质和金属，例如磷、有机氮和伴随某些有机废物的金属。

②可溶性的营养物质和化学物质，例如氮、磷、金属和许多其他大量和微量的营养物质。

③有机固体颗粒物，需氧物质和细菌、病毒及一些有机废物中含有

的其他微生物。

④盐类。

施用营养物质的农田可能会向地下水输送下列污染物。

①可溶性营养物质和化学物质，如氮、磷、金属。

②其他大量和微量的营养物质。

③盐类。

④伴随一些有机废物所产生的细菌和其他病原体。

植物的生长需要营养物质，而在水生环境中，营养物质的可用性常常会限制植物的生长。当氮和磷的本底含量或自然含量分别低于0.3 mg/L 和 0.01 mg/L 时，营养物质进入河流、湖泊或河口中达到较高的浓度，水生植物生产率会大大增加，这个过程被称为富营养化，可能会对水质产生不利影响。

除了富营养化，过量的氮还会引起其他水质问题，氨含量过高对鱼类是有毒的。浓度超过 0.2 mg/L 的溶解氨对鱼类，特别是对鲑鱼来说是有毒的。另外，饮用水中的硝酸盐对新生儿来说是个潜在的危险。硝酸盐在消化道内被转化成亚硝酸盐，亚硝酸盐会削弱血液携带氧的能力（高铁血红蛋白症），从而会对脑造成损害甚至死亡。美国环境保护署规定人类消耗用水（饮用水）中硝酸盐污染的最大浓度为 10 mg/L。

磷也会导致淡水和河口系统的富营养化。纽约州坎农斯维尔水库的研究表明磷负荷会加速水体的富营养化。低浓度的溶解氧和富营养化影响鱼类数量，并且致使这个湖中的娱乐性垂钓比附近的皮帕克顿水库少得多。此外，加速增长的磷负荷也使得饮用水供应减少，因为 2 个水库都是纽约供水体系中饮用水的主要来源。而且，营养物质还是佛蒙特州的山普伦湖使用性受损的主要原因，其中磷是最大的诱因。据估计，55 %～66 % 的面源磷负荷来自农业活动。

农业活动，例如粪肥和化肥的施用以及耕耘，极大地决定了土壤中可以利用的磷的数量，这些磷都可以通过输送媒介而移动。聚集在土壤表面（0～60.96 cm）的磷影响着径流中磷的浓度和流失。在各种类型的土壤和耕作体系中，表面土壤中磷的数量和地表径流中溶解磷的浓度之间都存在重要的线性关系。

1.2.2 沉积物

沉积物是由侵蚀产生的，指那些悬浮着的，在传输过程中的，或者已经被风、水、重力或冰从其源地转移的，既包括矿物质又包括有机物的固体物质。沉积物威胁着饮水供应和鱼类，给水生动植物的生存环境带来危害。和农业有关的产生沉积物的侵蚀的种类有面蚀、片蚀、沟渠侵蚀、风蚀和河岸侵蚀。土壤侵蚀可被描述为被降水、流水或风分离的颗粒物的传送。被侵蚀的土壤既可以在原地沉积，也可以被地表径流或风携带离开原地。

沉积物在很多方面影响水的使用。悬浮的固体减少了水生植物可以获得的阳光照射，遮盖了鱼类产卵区和食物，破坏了珊瑚礁，降低了滤食动物的过滤能力，妨碍并伤害鱼类的鳃。混浊干扰了某些鱼种的进食习惯。这些影响的共同作用，减少了鱼类、贝类、珊瑚和植物的数量，并且降低了湖泊、河流、河口和沿海水域的总生产能力。由于鱼类数量的减少，水体变得混浊，不再具有吸引力，使得鱼类活动受到了限制。水体混浊同时也降低了能见度，使游泳不再安全。

积累的沉积物降低了路旁沟渠、溪流、江河和航海水道的运输能力。运输能力的降低会导致更频繁发生的洪水。沉积物还可能会减少水库和湖泊的储水量，并且需要对它们进行更频繁的疏浚。对比深层土壤而言，表层土壤中通常更加富含营养物质和杀虫剂，对水质的危害更大。

由于混浊和沉积，作为公共供水来源的可用性已遭到破坏。沉积物调查显示，同在伊利诺伊州的皮茨菲尔德湖的存储量正在以每年1.08%的速度递减，如果不采取控制侵蚀的措施，这个湖将在1992年后被沉积物填满。由于采取了侵蚀控制措施，湖水存储能力的下降速度已从

13 年内下降了 15 % 减小到在后来的 18 年里下降了 10 %。如果不采取控制措施，以现在的沉积速度，加利福尼亚州的莫罗湾，这样一个开放河口将在 300 年内消失。沉积物将导致支流中洄游的鲑鱼数量减少并造成海湾牡蛎业重大经济损失。同样，由于河岸侵蚀和灌溉水外流导致的沉积物含量过高，内布拉斯加州长松溪的鲑鱼场也遭到了破坏。灌溉水回流和河岸侵蚀还对爱达荷州的岩溪的鲑鱼产卵和鱼类活动产生了不利影响。

农药、磷和氨等化学物质被吸附并随沉积物一起迁移。水环境的变化（如表层水中的氧气浓度降低，底泥中形成厌氧条件）会使上述化学物质从沉积物中释放出来。沉积物吸附的磷可能不会马上对水生植物生长产生作用，但它的确是导致富营养化的一个长期因素。

来源不同的沉积物所吸附的污染物的种类和数量也都是不同的。例如，面蚀、片蚀和风蚀主要是移动表层土或耕作层的土壤颗粒，而来自表层土壤的沉积物比那些来自深层土的沉积物更具污染的可能性。一块地的上层土壤由于过去使用化肥和农药，可能更富含营养物质和其他化学物质，也会有更多的营养物质循环和生物活动，上层土壤也更可能含有更大比重的有机物质。和表层土壤的沉积物相比，来自沟渠和河岸的沉积物携带的污染物一般较少。

因侵蚀而离开农田的土壤沉积物中所含有的精细和稀疏的微粒的比例常常高于农田本土。侵蚀土壤的这种成分上的变化是由于侵蚀过程的选择性。例如，较大的颗粒更容易从土壤表层中被分离出来，因为它们的黏着力更小，但是由于大小的影响它们也会更快地从悬浮物中析出。而有机物质由于自身黏着性而不易被分离，然而一旦被分离出来它会因为密度较低而容易被运送。和体积和密度更大的颗粒相比，泥土颗粒和有机残留物能更长时间保持悬浮状态，并且能以更低的速率飘浮。正因为小颗粒比大颗粒具有更强的吸附能力，这种选择性的侵蚀能够增加每吨沉积物携带的污染物总量。因此，侵蚀沉积物一般会比它们的本土含有更高浓度的磷、氮和农药。

1.2.3　动物排泄物

动物排泄物（粪肥）包括牲畜和家禽排泄的粪便和尿液、生产过程废水（例如牛奶厂排放的废水）以及饲料、草垫、干草和使这些东西混合的土壤。以下所列污染物可能在粪肥和相关的草垫材料当中，并且可能被来自集中的动物饲养厂的地表径流和流程废水输送。

①需氧物质。

②氮、磷和其他大量和微量的营养物质或者其他有毒有害物质。

③有机固体废弃物。

④盐类。

⑤细菌、病毒和其他微生物。

⑥金属和沉积物。

含有动物排泄物的地表径流到达表面水域，会引起氧气耗竭和鱼类死亡。当这些地表径流、流程废水或粪肥进入地表水中，就加入了过量的营养物质和有机物质，升高的营养物质水平会导致水生植物和藻类的过度生长。水生植物的腐烂分解耗竭水中的氧气，同时形成可能导致鱼类死亡的缺氧或厌氧环境。在厌氧的水体中会产生氨和硫化物，它们会使水体产生令人讨厌的气味、味道和外观。厌氧水体中还会产生温室气体甲烷。这些水体变得不适于饮用、垂钓和其他娱乐性活动。在伊利诺伊州的调查已经证明了动物排泄物对水质的影响，包括与肉猪饲养场、牛养殖场和在冰雪覆盖的土地表面倾倒液体废物有关的鱼类死亡。此外，北卡罗来纳州曾在 1995 年夏天经历了 6 次化粪池泄漏，总计约 3 000 万 gal（美）[1 gal（美）$\approx$ 3.785 dm^3]；其中一次泄漏向新河中排放了 2 200 万 gal（美）的猪粪，这次事故导致河流下游区域的鱼类死亡。

人类可能通过与动物或与人类粪便接触而被传染疾病。如果粪肥没有被分解，或者微生物没有被限制，那么施用粪肥的土地上形成的径流中就会有非常高的微生物含量。粪便中大肠杆菌数量高将导致贝类不可食用和海滩关闭。虽然动物排泄物不是病原体的唯一来源，但仍是一些沿海水域中贝类被污染的原因之一。

　　一种原生寄生虫类的病原体隐鞭孢子虫普遍存在于地表水中，尤其是那些含有大量污水和动物排泄物的水体中。如果没有先进的过滤技术，隐鞭孢子虫可能会顺利进入水处理的过滤和消毒过程，其数量足以引起肠胃疾病等健康问题。隐鞭孢子虫最严重的后果体现在那些免疫系统已遭严重破坏的人们身上。1993年，从密歇根湖引水的密尔沃基市和威斯康星州都经历了一次涉及40万人的隐鞭孢子虫大暴发，其间有4 000多人住院，并有50多人死于该病。虽然不能确定污染源，但是这个问题与污水处理厂未达标的行为，以及异常大的降水量和径流量有关。注入密歇根湖的2条河的流域内有屠宰场、人类污水排放和家畜放牧区。

　　蓝氏贾第鞭毛虫是地表水域中另一种致病细菌，它是一种可以导致贾第鞭毛虫病的肠寄生虫。徒步旅行者和自然爱好者通常会在无意识的情况下饮用受污染的泉水和溪水，他们患这种疾病的概率较高，故又称贾第鞭毛虫病为"背包客病"（backpacker's disease）。然而，全社会范围内大规模暴发的贾第鞭毛虫病就要与地方饮用水污染相联系了。这种疾病的典型特征是持续腹泻、体重下降、腹绞痛、恶心以及脱水。如果免疫力强再加上正确的治疗，贾第鞭毛虫病并不会带来生命危险，但是对于艾滋病患者、儿童、老人和外科手术刚刚恢复者，这种疾病将是一个致命的威胁。防止饮用水被蓝氏贾第鞭毛虫污染的最好办法就是生物体的物理移动。通过控制一个水域范围内土地的使用以防止水源降级及利用恰当设计和操纵的水过滤植物就可以达到上述防止污染的目的。

　　动物排泄物中含有大量的细菌和其他微生物，尽管这些生物大多数一离开动物体就会马上死亡，但是在条件适宜的情况下，仍有一部分可以存活下来。在粪便堆积的牧场、土壤和水生沉淀物中，微生物存活期一般都会延长。促使微生物死亡的条件包括低土壤湿度、低 pH 值、高温、直接的太阳辐射和原生动物的摄食行为。虽然病原体在一定温度下可以保持休眠状态,但是粪肥的堆积一般会促进其死亡。堆制肥料是降低病原体数量的有效途径。

方法、时间选择和粪肥施用量是决定产生水质污染可能性大小的显著因素。一般来说,粪肥在被施用到表土时比其在土壤中被分解时更容易被地表径流携带和输送。在冻土或雪地上撒布粪肥会在降水或融雪时形成高浓度的营养物质,特别是施肥后不久就降水或融雪的情况下,这种情况更容易发生。随着土壤温度升高,土壤颗粒中黏合的磷也会增加。佛蒙特州玉米田中施用的磷肥有 15 % 在径流中流失。土壤类型、作物、预期产量和作物营养物质的增加是在测定粪肥污染径流相似性时应考虑的其他因素。

1.2.4　盐类

在地下排水系统不好的土壤中,吸收水分最多的根区会有很高的盐类浓度。可溶解、可交换钠的积累会导致土壤松散、结构崩溃、渗透削弱和可能的毒性。因此,无论是从持续的农业生产方面,还是从水质方面考虑,盐类都常常成为灌溉地上的一个严重问题。就像过量的土壤盐度会破坏农业作物一样,河流中盐类的高浓度会危害淡水水生植物。一般而言,作为污染物质的盐类对淡水生态系统的影响比对咸水生态系统的影响更为严重。虽然溯河产卵的海鱼大部分时间生活在沿海和河口水域中,但是它们生命循环中关键的一部分却依赖于靠近海岸的淡水系统。

盐类的迁移和沉积取决于降水和灌溉的数量和分布、土壤和其下的地层、土壤水分蒸发蒸腾损失总量及其他环境因素。在湿润的地区,溶解的矿物质盐类已经自然地被降水从土壤和底土中滤去了。在干旱和半干旱地区,盐类不会因为自然过滤而迁移,而是集中在土壤中。含盐含钠土壤中的可溶盐类包括钙、镁、钠、钾、碳酸盐、重碳酸盐、硫酸盐和氯化物的离子。它们非常容易从土壤中被滤出。保守地说,土壤中可溶性石膏和石灰总含量范围从微量到超过 50 %。

无论是来自地表水源还是地下水源的灌溉水中都含有可溶性矿物盐类的天然基本负荷。而当水被植物吸收或者通过蒸腾作用散失到大气中时，盐类便留在了土壤中并不断累积，这被称为"浓缩效应"。

灌溉水回流中总的盐类物质负荷等于灌溉用水中残留的盐类含量加上从被灌溉土壤中携带出的盐类物质量。灌溉水回流为将盐类物质输送到接收河流或者地下水蓄水池提供了途径。如果回流中盐类含量和河水总流量相比很低的话，水质不会降低到破坏使用的程度。但是如果水体灌溉转移和含盐排水回流的过程会沿一条河或江重复很多次，那么，下游灌溉用水及其他用途的水质都将逐渐被破坏。

另外一个相关的问题是硒的毒性。硒是土壤中的一种天然元素，是在包括美国西部的白垩纪沉积在内的各种不同地质结构中发现的。少量的硒是人类和动物健康必不可少的，但是过量摄取对一些有机体而言是有毒的（Letey et al., 1986）。硒产生的最大威胁是它以可溶的氧化形式（硒酸盐）从含硒的土壤中滤出并进入浅层地下水，最终进入地表水中。在水生环境中，硒是通过植物进入食物链的，这些植物又成为更高级生物如昆虫、鱼类和鸟类的食物。硒随着其沿食物链的移动而不断累积和浓缩，最终变得有毒（Letey et al., 1986）。

在美国西部，来自含硒的源头物质的土壤灌溉能加速自然的滤出过程。20 世纪 80 年代早期，在加利福尼亚州中部的一个国家级野生动物保护区，凯斯特森水库灌溉排水中硒的浓度过高导致水鸟的先天性畸形和死亡。对这次事故的关注促使美国内政部建立国家灌溉水质量规划，以评估西部其他灌溉区硒产生毒性影响的可能性。

1.2.5 农药

农药包括所有用来防止、破坏、抵制或减轻有害物，或用作植物调节剂、脱叶剂或干燥剂的物质及其混合物。可能在地表水和地下水中发现的主要农药污染物是那些活跃的、惰性的成分以及持久稳固降解的产物。农药及其降解产物可能随溶液、乳浊液或者土壤胶质进入地下水和地表水。1996年对美国中西部的303口水井进行的研究显示，与原始的农药化合物相比，发现了更多的农药的代谢物。例如，在2种化学物质都被分析的153口井中，代谢物草不绿乙磺酸被发现的频率比甲草胺高将近10倍。为简单起见，在下文中农药一词将被用来指代"农药及其降解物质"。

尽管有许多记录表明，使用农药（杀虫剂、除草剂、杀菌剂、杀螨剂、杀线虫剂等）对于控制有害物和提高生产有许多好处，但在有些情况下这些化学物质会影响对地下水和地表水的使用。有些种类的农药是不可降解的，并且可能在水生生态系统中永远存在并富集。

1983—1993年对伊利湖7个支流的监测中发现，阿特拉津三嗪的最大浓度范围6.8～68.4 μg/L，而氯化铝、异丙甲草胺、嗪草酮、氰草津和利谷隆的最大浓度范围分别是1.16～64.94 μg/L、5.39～96.92 μg/L、1.49～25.15 μg/L、1.36～24.77 μg/L和1.92～15.5 μg/L。然而，这些案例中的长期时间加权的平均浓度全部都在美国国家环境保护局规定的饮用水最大污染物水平和寿命健康忠告水平之下。相关研究表明，甲草胺和阿特拉津对俄亥俄州的饮用水供给构成了重大威胁。源自流经农业区的河流和水库的公共用水供给虽然没有超过长期的健康标准，但有很大的可能会把大量的农药带给消费者。

农药对水质的威胁通常是由施用地点和施用方法共同决定的。农药主要通过以下途径输送到水生系统中。

①直接施用。

②地表径流。

③空气漂流。

④滤取。

⑤蒸发和后来的大气沉积。

⑥生物摄取和其后在食物网中的移动。

施用到土壤中，后又随径流离开土地（以溶解的形式或附着沉积的形式），并进入河流的农药数量主要取决于以下因素。

①降水和灌溉的强度和持续时间。

②农药施用和降水发生之间的时间间隔。

③农药的施用数量及其土壤水体分配系数。

④坡长、坡角及土壤组成成分。

⑤对裸露土壤（相对于有残渣或庄稼覆盖的土壤）的暴露程度。

⑥与河流的距离。

⑦土壤流失或侵蚀率。

⑧施用方法。

⑨用农业实践和建筑形式的实践对径流及侵蚀的控制程度。

一般来说，如果降水强度很大并且发生在刚刚施用农药之后，农药引起的损失是最大的，这种条件下水体的径流和侵蚀损失也是最大的。最近，学者（Rosen et al., 2008）发现，美国2 500个地下水抽样点，将近1/2检测到一种或多种农药。检测到的农药浓度一般很低。农药在农业和城市地区通常都可以检测到。

2

美国农业面源污染治理制度的发展历程

20 世纪 70 年代之后，城市径流和农业径流等面源成为美国水体受损的主要原因，湖库富营养化情况严重，美国逐渐将关注点转到面源污染，资助各州制定面源污染计划，鼓励各州将地下水保护纳入面源计划。同时，美国开始探索水污染排放交易，并于 1984 年进行了第一个营养物排污权交易。

2.1　1972—1987 年水污染治理重心转移

在实施削减和控制国家水污染规划的 15 年里（1972—1987 年），美国国家环境保护局和各州在很大程度上将水污染控制活动的重点放在了传统的点源污染上。这些点源污染由美国国家环境保护局和各州按《国家污染物排放削减制度》（NPDES）的许可证规划来管理，后者依据《1972 年联邦水污染控制法》（《清洁水法》）第 402 条制定。依据《清洁水法》（CWA）第 404 条，挖泥机的排放和向湿地填埋受美国军工团和美国国家环境保护局的管制。

通过 15 年的治理，尽管国家大幅度减少了由点源污染排放产生的污染物负荷，并且在恢复和保持水质方面取得了长足的进步，但仍未使全国水体水质达到清洁水法的"游泳和钓鱼"目标。美国国家环境保护局和各州、部落、地区及其他机构研究和调查表明，当前美国的河流、溪流、湖泊、河口、沿海水域及湿地的水质下降，大多数都是由面源污染源和其他非传统的污染源引起的，例如城区降水的排放和下水道连接处污水的溢出。1986 年国家水质报告显示，25 个州评价的河流总长 224 279 mile（1 mile ≈ 1 609 m），其中的 74 % 达到了 "游泳和钓鱼" 目标，这一数据与河流或湖泊支持对其指定用途的支持率近似①，近45 % 的湖泊、水库出现富营养化。城市径流和农业径流等面源则成为美国水体受损的主要原因（图 2.1）。

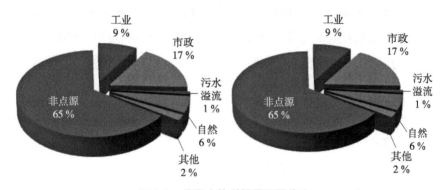

图 2.1 美国水体受损原因百分比

注：左图为河流，右图为湖泊、水库。

各州也越来越关注面源污染，并建议 EPA 和国会为解决面源污染提供一个全国性的框架。在 1984 年的国家水质报告中，有 24 个州将面源作为特别关心议题，而到 1986 年，上升为 33 个州。

2.2 1987—1990 年面源污染治理新时代

联邦在上述诉求下，修订 CWA 时将以前仅在 CWA 各条款中嵌入的面源管理计划综合单独列出，并要求更为详细。国会以《水质法案》

---

① 通俗理解为美国水体的达标率为 70 %～80 %。有 84 % 的湖泊达到可钓鱼和游泳目标，数据不能涵盖全国的情况，仅说明多数州情况。

（WQA）的形式补充修订了 CWA，修改了第 101 条"目标和政策的声明"，在其中加入了如下的基本原则：尽快制定和实施控制面源污染规划，通过同时控制点源和面源污染以达到本法案的目标是我们的国家政策。WQA—1987 的主要内容如下。

①关注面源治理，资助各州制定面源污染计划，确定需治理面源方能取得水质达标的水体，推行最佳管理实践；鼓励各州将地下水保护纳入面源计划。

②加强对基于水质的排放标准的实施：如果各州的不达标水体在实施基于技术和水质的控制措施后，仍未能满足相应的水质标准，那么 EPA 就要求州政府对这类水体制定并实施最大日负荷总量（TMDL）计划，为点源和面源分配所需削减的污染负荷，并严格实施。

③具体化降水径流许可证要求。

④提出将"印第安部落"州级对待。

⑤建立联邦污泥管理计划。

⑥加大不遵守法律的罚款力度。

⑦重新强调地表水毒物控制。

⑧建立"州清洁水循环基金"（CWSRF），为美国水质工程提供无息或低息贷款，贷款期限一般为 20 年；联邦投入资金占 80%，州投入资金占 20%。

此外，一些州还实行了基于经济的管理政策，如排污权交易。科罗拉多州也于 1984 年在狄龙湖流域开展了磷排放的交易计划，这是首个点源或面源交易项目，也是美国第一个营养物排污权交易的案例。

CWA—1987 修订后要求重点实施基于水质的排放限制。根据 CWA—1987，各州为水质受限水体制定并实施最大日总负荷 TMDL 计划，即在满足水质标准的条件下，水体能够接受的某种污染物的最大日负荷量。它是一种以水体水质达标为基础，综合考虑点源和面源的污染负荷分配，并包含安全临界值和季节性的变化的手段。污染负荷量可以表示为单位时间的质量、毒性和其他适合测定的指标。计算公式如下。

$$TMDL = \sum WLA + \sum LA + MOS + BL \qquad (2.1)$$

式中，WLA 为允许的现存和未来点源的污染负荷；LA 为允许的现存和未来面源的污染负荷；BL 为水体自然背景负荷；MOS 为安全临界值。

EPA 于 1987 年颁发了 TMDL 计划的实施细则，指导各州水质受限水体的识别和 TMDL 计划的制定。虽然早在 CWA—1972 中就已有 TMDL 计划的规定，但由于一直被忽视，EPA 掌握 TMDL 计划的资料也不多，因而 TMDL 计划的推进是项长期工作，应不断地从实践中汲取经验并完善。

2.3 1990—1996 年国家计划、技术指南密集推出

20 世纪 90 年代初，EPA 出版了一系列的 TMDL 计划的制定和实施指南、细则等。根据 EPA 于 1991 年出版了《基于水质的决策——TMDL 进程指南》TMDL 计划的实施框架（图 2.2）。

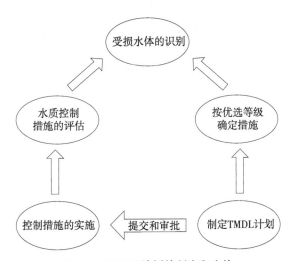

图 2.2 TMDL 计划的制定和实施

EPA 于 1992 年又对 TMDL 实施细则进行了修改。根据 1992 年制

定的 TMDL 规则，环保局要求各州把没有达到具体的指定用途的水质标准的河流列成清单。对每个受损的水体，州必须给出为了使水质达标点源和面源排放污染物的削减量。根据当时上交给环保局的清单，有将近 21 000 个河段、湖泊、河口，总计超过 300 000 mile 河长，5 000 000 acre（1 acre ≈ 4 047 m^2）湖面积受损。这些受损河流需要实施的 TMDL 计划超过 40 000 个。EPA 要求大部分的州在 8～13 年完成 TMDL 计划。为了使受损水体更快地实现水质达标及完善 TMDL 计划，EPA 于 1996 年开始依据《清洁水法》的第 303（d）条要求对各州 TMDL 的执行情况进行全面评价。针对此次评价中发现的 TMDL 计划的一些新问题，EPA 于 1997 年对 TMDL 计划进行了详细的指导性说明，并于同年 8 月出版了 TMDL 计划实施的技术指南，指南对当前完善 TMDL 计划所遇到的问题进行了分析。针对这些问题，EPA 在联邦顾问委员会法案授权下组成了一个委员会，这个委员会是由不同背景的 20 个委员组成，包括农业、森林、环境方面的专家和州、领地及部族的政府官员。委员会在 1998 年发布了他们的建议，根据这些建议，EPA 在 1999 年 8 月起草了 TMDL 的新法则。2000 年 3 月国家审计局（General Accounting Office，GAO）的报告明确指出各州在制定水质标准，确定受损河流并实施 TMDL 计划方面普遍缺少数据。对于这些困难，经过较长时间的讨论，EPA 于 2000 年 7 月 13 日颁布了新的 TMDL 计划法则。

新的 TMDL 计划法则使得 TMDL 计划的制定更为顺畅。2001 年和 2002 年，被批准或实施的 TMDL 计划超过 5 000 个，并在最近 10 年中每年都以稳定速度上升，仅在 2005 年和 2006 年，被批准或实施的 TMDL 计划每年都超过 4 000 个。而 2008 年被批准或实施的 TMDL 计划更是超过 9 000 个。而从污染物的分类上来看，美国已对水体的营养物、沉积物、病原菌等实施了 TMDL 计划，并对点源和面源污染采取了有效的控制措施，从而极大地改善了受污染水体的质量，保障了受污染的水体能够达到它的指定用途。截至 2010 年 8 月，美国各州制定的

TMDL 计划数量为 40 000 多个（图 2.3，从 1996 年算起）。虽然这个巨大 TMDL 计划数量说明了各州和 EPA 已付出很多的努力，但各州的统计数据表明，在接下来的 8～13 年中，仍需制定实施约 70 000 个 TMDL 计划。这表明每年将要制定实施的 TMDL 计划为 5 300～8 700 个，是过去十年每年制定实施的 TMDL 计划平均数目的近 2 倍。而随着许多州努力完善和执行更全面的监测和评估战略，未来列入受损水体清单、需要 TMDL 计划的水体数量将继续增加。

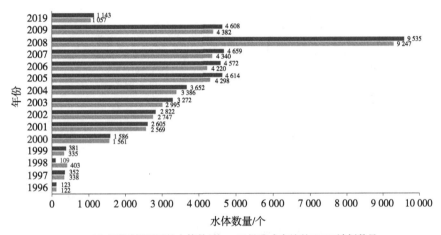

图 2.3　1996—2019 年美国的 TMDL 计划数量

20 世纪 90 年代末，国家的大部分 TMDL 工作集中在单一区段的 TMDL，代表了许多点源受损水体的单一的废水负荷分配。21 世纪初，一些 TMDL 计划的工作开始使用或应用流域框架制定多个 TMDL 计划，但受限于法庭命令、现有数据以及适应本地 NPDES 的活动，大多数的 TMDL 计划仍以单一区段 TMDL 制定。

1990 年，CWA 再次修订，将五大湖管理协定纳入其中。尽管 CWA 在 20 世纪 90 年代多次修订失败，1992 年和 1994 年的修正案分别尝试增加流域保护和更新 NPDES 系统，而 1995 年共和党掌控的国会提出了更有利于污染者的修正案，但却被参议员否决，克林顿也极不赞成此案。但在克林顿产业政策促进下，20 世纪 90 年代中后期，信息产业及高新产业高速发展，水环境保护也面临网络化、全球化的时代变迁，逐步迈入流域管理、数据共享平台建设的时代。

1997 年是 CWA 实施的 25 周年，美国在清洁河流、湖泊和海水方面都取得了很大的进展（图 2.4、图 2.5），工业排放和城市污水都得到了很好的控制和削减，湿地和土壤侵蚀也得到一定缓解。

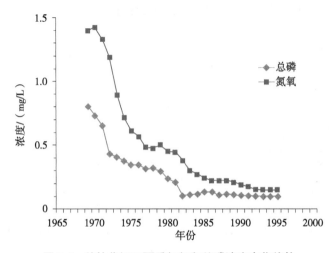

图 2.4　特拉华河口夏季氨氮和总磷浓度变化趋势

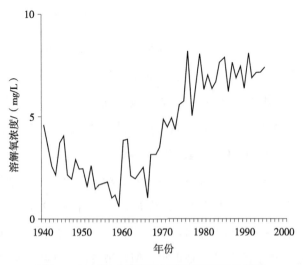

图 2.5　波托马克河夏季溶解氧浓度变化趋势

上述两图 ② 不仅可表明 CWA 实施 25 年来，美国水体的好转情况，也反映了自 20 世纪 80 年代末，水体好转趋势平缓，间接反映面源治理是长期的工程，短期内水质的改善效果并不如点源治理显著。进入 20 世纪 90 年代，尽管美国的水环境管理趋于平稳好转，但仍面临很多的挑战，约 40 ％的国家水体仍没有达到游泳和钓鱼的目标。

2.4　1996—2009 年有效、灵活地加快面源计划

1996 年 5 月，EPA 出台了修改的面源计划指南，该指南取代 1987 年 12 月 EPA 发布的面源指南和 1993 年 6 月的面源计划资助指南。这个指南是 EPA 改革面源计划所采取的重要步骤。根据这个指南，各州修改面源计划，使之成为真正有效、灵活的计划，以解决面源污染造成的水质问题。这个指南提供了未来面源计划的框架，旨在实现或维持水的有益使用。这个框架具有灵活性和动态性，将会产生更好的环境效果。EPA 于 1997 年 10 月 14 日，在威河会议中心的国家面源计划会议上，提交了题为"加快面源计划的步伐"的报告。该报告是 EPA 根据修改的面源计划指南制定的关于加强面源污染管理战略草案。其目标是：所有州、领地和部族以及所有利害关系者积极支持和参与实施动态、有效的面源计划，到 2013 年实现并保持水的有益使用。采取的战略如下。

①建立灵活的、动态的、有明确近期和远期目标的州面源计划，尽可能加快实现和维持水的有益使用的步伐。

②识别和减轻面源污染造成的水质损害，并防止现在和未来的人类活动对水质产生不良的影响。

③改进州面源计划，改进州的 319 计划，全面实施 CZARA 计划。

④加强各个层次之间的广泛合作关系，加强与联邦的合作。资助与

---

② 示例图中的水体均属美国水质较差的水体。

联邦研究一致的州的行动，会集联邦面源的研究力量，与联邦机构共同建立面源研究备忘录，扩大公民的参与意识，加快合作的步伐。

⑤以风险为目标，加强推行"日最大总荷载"（TMDL）计划，改进的水质标准，加强饮用水供给的保护，建立空气沉降减轻战略。

⑥建立和利用法律权限，提倡州总体强制体系，加强有关废物管理的联邦和州立法力度，加强城市暴雨径流面源污染管理的规章。

⑦在强调州面源计划的同时，兼顾受威胁的其他水流域的水质管理。

⑧管理和实施高效率和有效的州面源计划，建立面源污染控制的资金保障管理体系。

1998 年 1 月，时任美国总统克林顿提出清洁水行动计划（CWAP），号召 100 多种行动恢复和改善美国水质，主要包括以下内容。

①保护公共健康：在 2000 年以前对鱼类、贝类中的污染物进行调查，确保公众了解健康威胁。实施新水质标准，确保海岸安全，使用联网数据库指出海滩环境、通告和未监测的地区。加强和协助州控制损伤鱼类、贝类、海岸、饮用水的排放源。

②控制污染径流：为州、部落额外提供 1.2 亿美元，协助其控制径流、鼓励其实施强制性控制措施。在 2000 年以前，为水体制定数值营养盐标准。在 2005 年以前提出控制牲畜径流的新战略。

③私人土地管理激励：提供 1 亿元新资金帮助农民控制污染径流，在 2002 年以前，确定 200 万 m 的水路缓冲区，为 3 500 多万 hm² 的地区制定污染预防计划。协助州建立基于保护恢复提升计划（CREP）建立联邦与州的合作关系，保护私人土地的水质和栖息地，考虑采取相应的税收激励关键私有土地的保护。

④流域管理：与州和部落合作优先保护流域，确定未达到清洁水目标的流域。增加资金支持污染控制措施和州流域恢复行动战略制定的其他措施的实施。给予地方流域保护财政及技术支持。

⑤保护恢复湿地和海水。

⑥拓展公民知情权：新的网络系统可提供 2 000 多个流域水生系统的健康信息及流域计划服务的资料；支持流域计划点源排放的标准化监测和报告；发布国家报告，识别污染径流源监测和评价之间的空白。

⑦加强联邦管理：制定联邦统一政策加强联邦土地上的水质保护和水生生态系统的健康；在 2005 年以前，每年恢复提高 2 000 m 道路和乡径的水质；在 2002 年以前，每年搬迁废弃 5 000 m 污染的道路。

>>> 流域管理

20 世纪 80 年代末，流域机构、部落、联邦和州机构开始转向用流域方法管理水质。流域方法是在特定流域用灵活的框架管理水质和水量。流域方法涉及利益相关方参与以及科学技术支撑的管理行动。在整个管理体系中流域规划制定是通过一系列的协调、反复步骤来描述流域现状，识别与优选流域问题，确定管理目标，制定保护与恢复策略，选择采取与实施必要的行动。整个过程的成果是流域规划的正式文件或参考文件。流域规划是在流域空间范围内提供评估和管理信息的战略，包括与制定和实施规划相关的分析、行动、参与和资源等方面。流域规划的制定需要一定技术水平的专家和有技能、经验和知识的各方面人员广泛参与。

应用流域方法恢复受损水体大有好处，该方法致力从流域整体上关注问题，吸引流域内的利益相关者积极参与到即将实施的解决方案与策略中。面源污染不仅是国家水质的最大威胁，也是国家水体损害水质的最主要污染来源。因此，EPA 与州、部落和流域机构合作，整合与强化对基于流域环境保护项目的支持。这样项目的特征是利益相关者联手制定和实施流域规划，对地方社区很有意义。

清洁水行动计划是长期的目标，1998 年开始的工作主要集中以下 2 个方面。

①农业管理的新合作机制：农业部同明尼苏达州达成新协定，提供 2 亿元资金改善农业土地缓冲区和实施保护措施，很多州相继参与这类协定。

②科学支持：如农业部研究发现当使用玉米类作为牲畜饲料时，可减少农业径流的磷排放为支持行动计划。在以后的保护措施和合作机制上，科学将推动清洁水行动计划。

为支持此项行动计划，克林顿总统的 FY1999 预算为 5.68 亿美元，5 年内的总预算高达 23 亿美元。此外，经过 20 多年的政策法规的制定和修改，联邦政府和 EPA 逐渐认识到解决美国的水环境问题主要靠政策法规的坚决支持。因而，EPA 不断加强对 CWA 实施遵守的审查，希望加强各州的监管力度和便于公众对此有透彻的了解。

此外，基于经济的鼓励政策的尝试也不断发展。就水的排污权交易来看，20 世纪 90 年代开展了许多的点源、面源以及厂内的交易试点和项目。试点的不断成功，加快了其对水污染物排污交易的探索。1996 年 EPA 制定了《基于流域的交易草案框架》，提出把流域污染物交易作为实现水质目标的一种手段，将其认定为实现水质目前的排放原则之一，并提出排污权交易应与整个流域的水质标准一致。随后在此框架的指导下，流域排污权交易在美国得到更进一步推广。截至 2009 年 2 月，美国已有 18 个州实施或开始规划，另外还有州际的流域排污权交易，如切萨皮克湾（Chesapeake Bay）流域。

2.5　2009 年至今全面推进防控政策体系

据 2006 年统计，美国农业面源污染面积比 1990 年减少了 65 %，究其成效主要来源于防控政策体系的全面推进，尤其是法治跟进、技术拓展和管理创新 3 个方面的齐头并进及其动态发展过程。

关于农业面源污染环境保护的法律，美国还颁布了一系列其他相关法律、法规。2012 年 4 月美国农业委员会通过的《2012 年农业改革、食品和就业法案》建立了 2 个新的环境保护计划：农业土地权属保护计划和区域合作保护计划，分别围绕政府购买农地开发权和联合区域性组织改善土质、水质，削减农业面源污染等问题。美国水环境保护法律是随着农业面源污染问题的动态变化逐步推进的，在联邦与地方之间形成互为呼应的配套政策，为农业面源污染防控奠定了法律基础。

基于技术的最佳管理实践（Best management practices，BMPs）与日排放总量控制在农业面源污染防控过程中，前者是技术基础，后者是技术保障，两者互为补充，是农业面源污染防控的重要手段。虽然BMPs 已经在该地区得到广泛使用，一些农户也正在致力加强养分管理和可持续作物管理策略，但是高投入的作物管理系统依然增加了农户负担，水质没有得到改善。因此，为解决美国国家环境保护局对切萨皮克湾支流的 TMDL 限制，美国政府在 2010 年发起了 1 项为期 2 年的里程碑计划来实现水质目标，TMDL 强制性的量化控制目标为切萨皮克湾的水质恢复起到了重要作用。TMDL 清晰界定了农业面源污染的概念和防控目标，其科学的量化控制技术成为污染水体治理和恢复的先决条件，促使美国防控政策取得重大成效。

以流域管理为理念，以生态补偿为手段的全方位统筹规划是美国农业面源污染取得重大成效的创新性管理方式。将流域管理作为农业面源污染防控的理念是因为诸多问题的相互关联性，如地表水与地下水、上游与下游、人为与自然等都有着密不可分的联系，同时在治理过程中政府部门的决策和社会团体的参与之间的相互协调与合作。所以管理机制也应因地而异、轻重有别、统筹优化，实现以资源合理利用与共享为核心的全方位统筹管理。《2012 年农改革、食品和就业法案》提出的区域保护计划就将区域内的政府、印第安部落、农民合作社等组织与农民联合起来为当地的农业生产和环境保护进行全面管理和规划。

自《清洁水法》面源管理方案项目以来，已经有许多研究和文章发表了关于加强国家控制面源污染工作的立法授权问题。然而现有的关于《清洁水法》相关规定研究认为基于条文设置的州政府参与面源污染防治存在非强制性、防治资金不足、面源污染防治成效评估标准的模糊等问题。但是从措施实施现状来看，通过美国国家环境保护局历年来对其制度的完善，已实际恢复了大量受损水体，其制度设计在防治面源污染方面有适用性。

根据 2013 年美国国家环境保护局对于《清洁水法》第 319 条实施情况所做的调查，其中有 9 个美国国家环境保护局区域办公室表示，在确定令人满意的进展时没有使用核对表或书面标准评估程序。各州在 2013 年根据实际情况对本州面源污染防治管理方案进行更新，以最大限度地提高方案的效力和取得的成效，并且该更新须符合美国国家环境保护局所发布的关于第 319 条实施的所有准则。自 1987 年《清洁水法》第 319 条出台至今，美国国家环境保护局根据实施成效的反馈、现实情况的变化、科技的发展、面临的阻碍等诸多因素，数次发布第 319 条联邦补助资金申请指导文件，对于联邦补助资金申请与在面源污染治理中的使用进行相应的规定，以使联邦补助资金制度据时而变，最大程度地发挥其推动面源污染治理的作用。

美国自 1972 年实施至今的面源污染防治补助制度，通过联邦向州拨款，支持其实施州内强制性或非强制性的实施方案、技术援助、资金资助、教育、培训、技术转让等农业面源污染防治措施，实现了大部分受损水质的恢复。

3

当前美国农业面源污染治理制度体系

为解决水资源管理面临的问题，特别是跨地区流域水资源管理问题，促进水资源保护和高效利用，美国基于本国国情建立了相应的管理体制，制定和实施了一系列政策措施、技术体系、资金来源及角色定位等。

3.1 管理体制

3.1.1 组织机构

根据美国宪法，联邦政府负责制定水资源管理的总体政策和规章，由州负责实施。这样就形成了两级水资源管理机构。以下对这两级水资源管理机构以及负责跨州水资源管理的州际流域委员会做简要介绍（图3.1）。

3.1.1.1 负责有关水资源问题管理的联邦政府机构

美国国家环境保护局：其职责包括发放污染排放许可证、制定国家饮用水标准、出台有关规定帮助各州制定水质标准、管理州资助项目以补贴兴建污水处理厂的费用等。美国国家环境保护局在全国设有10个

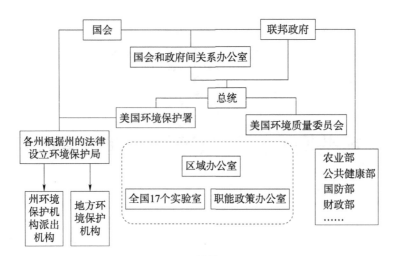

图 3.1　美国环境管理体系结构

区域性办事处。每个办事处的管辖范围包括几个州以及 1 个或几个横跨几个州的流域。相对于辖区范围内的各州而言，区域办事处的职权包括批准州政府制定的规章和标准、审批联邦政府划拨的水务资金的使用。

EPA：EPA 与各个州是伙伴关系，而不是领导关系。即 EPA 出台的各项政策是以项目的形式与各州签订工作协议的形式进行。EPA 负责组织和指导州环境机构开展工作和环保行动，并与区域办公室合作，通过市场经济手段激励各州政府积极解决环境问题，尤其重视联邦对各州的项目拨款激励。总之，EPA 通过与各州建立的伙伴关系和项目财政预算、编制州项目实施计划，进行环境管理，并通过在各大区设立的区域办公室，监督各个州的环境政策与项目实施。

陆军工程兵团：从预算角度来说，这是联邦政府最重要的水资源开发机构，它负责防洪及洪水冲积平原管理、供水、航运、水力发电、海岸线保护和水上游乐等项目。

美国地质调查局：该局隶属美国内政部，负责对全国水资源的质量、数量及使用情况进行评估。

美国垦务局：负责在西部各州提供市政和灌溉用水并管理水力发电

设施。

鱼类和野生动植物管理局：该局隶属美国内政部，是联邦政府主管鱼类和野生生物及其栖息地保护的主要机构，负责保护濒危物种、淡水及濒危鱼类、某些海洋哺乳动物和候鸟，管理着 700 处国家级野生生物保护区，还负责对水电拦河坝、运河开凿以及疏浚和填埋等活动的环境影响进行评估。

水土保持局：该局隶属美国农业部，其职责包括协助农民制定水土保持计划，与其他机构合作对实施水土保持措施的资金做安排，就农药和化肥的使用以及土地管理向农民提供建议，还负责"湿地保护计划""小流域计划"等水资源改善项目。

国家海洋与大气管理局：该局隶属商务部，负责沿海地区的流域管理、面源污染以及渔业管理。

联邦能源监管委员会：该委员会隶属能源部，负责颁发水电项目建设许可证、提出环境质量保护措施等。

关于州级管理机构，根据美国宪法，各州政府对于其辖区内的水和水权分配、水交易、水质保护等问题拥有大部分权力。美国州一级政府建立了相当健全的水资源管理机构。

3.1.1.2 负责有关水资源问题管理的州际管理机构

为了解决跨州的水资源管理问题，美国建立了一些基于流域的水资源管理委员会。这些委员会是法律实体，而不是纯粹的行政机构。范围覆盖特拉华、新泽西、宾夕法尼亚和纽约等州的特拉华流域委员会，以及覆盖马里兰、弗吉尼亚、宾夕法尼亚等州和哥伦比亚特区的切萨皮克湾委员会是 2 个典型代表。委员会是联邦政府倡导成立的。委员会的成员包括有关州的州长以及一名联邦政府的代表。特拉华委员会中的联邦代表是由总统委任的，而切萨皮克湾委员会中的联邦代表则是署长。这样可以确保委员会在包括制定政策法规在内的相关事务方面拥有充分的权力。

3.1.2 组织管理

项目管理：美国州政府一般只负责审批面源污染的规划和实施方案，具体的工程设计和实施则由私立咨询公司完成，这将减轻政府部门的负担，避免机构臃肿和庞大。

项目操作和维护：美国的面源污染控制项目一般由联邦政府和州政府提供前 3～5 年的工程费用，后期绿化、操作和维护费用则由地方政府承担。

监测和评价：面源污染项目的监测包括水化学、生物、沉积物等分析指标。州政府和地方政府管理部门定期检查项目进展，评价项目质量和效益，确保项目按计划实施。

教育：为了项目的正常管理，州政府和地方政府的项目管理人员需要接受系统培训，正确理解联邦政府和州政府的新法规和政策。公众也需要接受教育，改变日常不合理的行为，减少污染，保护环境。

技术指导：州和地方政府需要联邦政府提供法律和技术指导，以确保面源污染控制项目的成功。美国联邦政府有关机构除定期举办培训班和讲座，介绍面源污染控制的新政策、新要求和新技术外，还经常访问各州有关机构，回答解决有关疑难问题。

科学研究：面源污染控制既包括非工程措施，如土地利用规划、区划、城市管理、化肥农药施用、废物再利用等，也包括工程措施如暴雨蓄积池、草地过滤带、防风林等，涉及范围广，法律、工程、生物、经济和社会因素等相互交叉。这些因素都需要以科学研究为依托，以保证面源污染控制项目的正确实施。美国联邦政府和州政府每年都划拨大量资金用于支持面源污染研究，包括规划、设计、实施、最佳管理措施的效益评价等。

财政经费：面源污染控制涉及面广、难度大、时间尺度长、所需经费多。为解决经费短缺问题，美国各级政府一般通过专项税收和收费，设立了各种专项基金，如材料基金、环境基金、汽油基金等，用于环境保护。此外，通过面向社会，特别是大公司、大财团募捐，解决环境项目资金的短缺问题。

3.2　政策措施

美国在水资源管理方面制定了很多法律、法规和政策，其中，不少体现了系统化的整体管理思路，为面源水污染的综合管理提供了制度基础（图 3.2）。本部分将基于面源污染治理的角度，全面介绍在《清洁水法》的总体框架下，美国政府制定了一系列重要的政策措施，主要包括：美国国家环境保护局（U.S. Environmental Protection Agency，USEPA）、美国国家大气和海洋管理局（National Oceanic and Atmospheric Administration，NOAA）、美国农业部（United States Department of Agriculture，USDA）及美国地质调查局（United States Geological Survey，USGS）等部门提出的一系列面源管理国家行动。

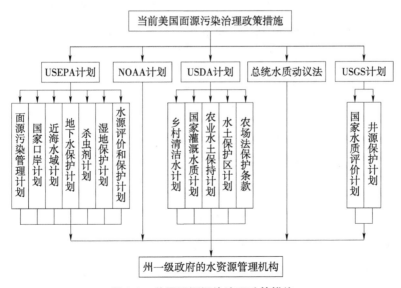

图 3.2　美国面源污染治理政策措施

3.2.1 美国国家环境保护局计划

3.2.1.1 面源污染管理计划——《清洁水法》第 319 条 [③]

国会制定了《水质法》(1987)，其中第 319 条，明确规定要制定控制面源污染的国家规划。该计划是联邦政府首次对面源污染控制进行资助。第 319 条规定，各州通过在州内评估面源污染引起的问题和产生的原因，实施控制面源污染的管理规划来解决面源污染问题。第 319 条授权美国国家环境保护局向各州发放赠款以支持他们实施经美国国家环境保护局批准的全部或部分的管理规划。该计划的建立是由于美国政府认识到需要联邦政府的领导来加强州和地方政府的面源污染的控制工作。清洁水法授权 EPA 实施该计划。各州如果要得到联邦的资助，必须完成评价报告和面源污染源管理计划。经 EPA 审批合格便可以实施各州的计划。1990 年 EPA 开始向各州、领地和部族进行资助，实施它们的计划。EPA 在 1990 年和 1991 年资助各州实施管理计划的金额分别是 4 千万美元和 5 千万美元。到 1996 年底用于该计划的总资金已达4.7 亿美元。到 1997 年末，EPA 已发放了 319 个款项的资金，资金总额达该计划总资金的 40 %。这些资金用于该计划的各项活动，如计划的推行、立法或非立法活动、技术支持、财政支持、教育培训、技术转让、试点工程、监测和评价特殊的面源污染控制工程的成功性。

1991 年 EPA 在面源管理计划下建立了国家水质监测计划。该计划是构成面源污染管理计划的一部分。其目的：一是科学评价以水流域为基础的面源污染控制技术的有效性；二是提高我们对面源污染的认识。为实现上述目标，国家监测计划在全国范围内，选择一些流域，监测 6～10 年，以评价土地管理行为的改善对降低水污染的影响，并通过监测提供有关解决面源污染的有效根据和技术方面的信息。EPA 要求各州的监测计划实现以下目标：其一，识别引起面源污染的主要原因；

---

③ 资料来源：http://water.epa.gov/polwaste/nps/cwact.cfm。

其二，面源污染控制的目标（通过最佳管理实践实现目标的可能性）；其三，圈定面源污染的"关键"地区；其四，土地管理实施规划；其五，立法的作用和职责；其六，水质监测的设计；其七，水质监测计划的评价。这项计划的研究成果将有助于其他州、领地和部族建立更有效、更成功的面源污染管理计划。

EPA 已拨出清洁水法预算的一部分资金用于 14 个州的水质监测计划。EPA 已经审批了 60 个项目，通过了 20 个，其中 19 个是关于地表水的，一个是关于地下水的（爱达荷州蛇河平原东部农灌区地下水硝酸盐面源污染）。监测的主要指标是沉积物、营养物和大肠杆菌。

EPA 希望通过该计划收集足够的数据，说明面源污染控制管理行动所带来的水质改善的程度，总结经验以改善监测工作，将成功经验推广到其他流域中。目前，EPA 的监测主要是针对农业面源污染，今后 EPA 将开展有关城市径流和林业面源污染的项目。加强公众教育，改善公众行为，保护国家的重要水资源。EPA 还计划今后增加地下水水质监测项目。

3.2.1.2 国家口岸计划——《清洁水法》第 320 条

美国国家环境保护局也负责管理按《清洁水法》第 320 条制定的国家河口规划，这个规划的重点是具有地理性目标和高度优先性的河口水域的点源和面源污染。EPA 帮助口岸地区各州和地方政府建立口岸特别综合保护和管理计划。在这个规划中，美国国家环境保护局将支持州、地区和当地政府制定和实施推荐优先性的综合性保护和管理计划，为保持河口水质、鱼群数量和水的其他特定用途。目前已在 17 个口岸地区实施了该计划。

3.2.1.3 近海岸水域计划

该计划主要目的是近海岸水域污染防治、生态环境和人类健康保护。美国凭借直面太平洋和大西洋的区位优势，于 20 世纪初率先完成了工业化和城镇化，然而伴随其快速的粗放式发展而来的是其流域和近海环境污染和生态破坏，为此美国不断强化相关法律法规建设，从各类污染物排放管理、陆海管理、污染物排放总量管理和水质交易等方面不断完善政策法律体系。1948 年，美国颁布实施《水污染控制条例》，在 1956 年和 1961 年两次修订后将氨氮纳入污染物排放管理，然而并未因此改变水质恶化的趋势。20 世纪 60 年代至 70 年代，美国立法行动加快，逐步形成了较为完善的环境政策框架。1969 年颁布了《国家环境政策法》，使环境管理权力开始从分散到集中。1972 年颁布实施了《清洁水法》，在控制氨氮排放的基础上开始控制总氮，并规定围填海、水利工程、采矿项目等的疏浚物、废弃物排入地表水必须获得许可证，排放前需采取措施避免对水体造成污染，要将潜在影响减至最低，并为其他不可避免的影响进行生态补偿。

3.2.1.4　地下水保护计划

除了《清洁水法》第 319 条以外，EPA 关于地下水保护方面已实施了一些计划。这些计划为各州提供有关地下水保护的技术和财政支持。根据安全饮用水法，EPA 实施了唯一源含水层计划（Sole Source Aquifer Program，SSAP），该计划并没有得到联邦政府的财政资助。EPA 根据 1986 年的安全饮用水法修正案，建立了井源保护计划（Wellhead Protection Program），其主要目的是保障公共饮用供水系统的安全。EPA 与美国农业部合作私人饮用水井也实施了这项计划。

①唯一源含水层计划（Sole Source Aquifer Program，SSAP）：SSAP 是根据安全饮用水法制定的。EPA 在 1987 年制定了 SSAP 指南，以帮助有意申请该计划的州和地方政府制定 SSAP。SSAP 的主要内容是：高速公路及新道路建设对唯一水源的影响，公共供水井和输水管线的保护，废水处置设施的管理，暴雨处置工程的管理，动物粪便设施的管理等。

　　SSAP 并不是一个全面的地下水保护计划，因为该计划没有得到联邦政府、州和地方政府的资助和参与。有效地保护饮用地下水资源需要联邦、州和地方政府的充分参与。有些价值和敏感的含水层并没有包括在该计划之中。

　　②州全面地下水保护计划（Comprehensive State Groundwater Protection Program，CSGWPPs）：这项计划是根据 1996 年安全饮用水法修正案的 1 429 章制定的。这项法案为建立和实施该计划提供了资助。CSGWPPs 强调将州地下水和地表水保护计划相结合，采用水流域的方法，通过建立州、领地和部族与 EPA 之间的合作关系，以实施 EPA 的地下水保护目标，即对地下水进行全面保护。

　　CSGWPPs 是 EPA 在 20 世纪 90 年代保护国家地下水资源的重要战略。CSGWPPs 的基本目标是建立州与 EPA 的关系，更有效、更一致地全面保护国家地下水资源。特别目标是防治地下水污染，在确定保护和治理地下水优先顺序时，考虑地下水使用的经济价值和脆弱性。

　　CSGWPPs 的主要内容是：其一，确定地下水保护的目标；其二，根据州和地方政府的用水目的和使用价值，确定地下水污染治理的优先顺序；其三，明确有关联邦、州和地方计划的工作和职责；其四，实施管理战略；其五，提供有关地下水污染和保护的信息，并进行监测；其六，完善公共设施。EPA 在 1992 年制定了州全面保护地下水指南，以帮助各州制定计划。

　　EPA 将通过 CSGWPPs 计划对国家地下水资源实施全面保护。EPA 将使用最大污染水平（MCLs）作为安全饮用水的参照标准。在地下水与地表水紧密联系的地方，使用国家水质标准。将采用最好的技术和管理行动，以保护地下水资源。EPA 要求各州制定的 CSGWPPs 要站在科学前沿，满足用户需求，并与其他计划相协调。治理战略将考虑地下水资源的使用目的、价值和脆弱性，同时要考虑其社会价值和经济价值，以确定现实合理的治理优先顺序。治理工作设法达到癌症风险的万分之一到十万分之一。此外，治理战略要将联邦、州和地方政府的工作结合起来，以保护与地下水资源有关的所有介质——空气、地表水和土壤。加强地下水决策政策和风险评价研究，获取更多有关治理行动、井源和含水层的保护以及杀虫剂影响方面的数据。

地下水不但可以提供大量的饮用水，而且具有重要的生态功能。用于清理地下水污染的费用相当昂贵，而且耗时长。因此，EPA强调保护地下水资源是首先要考虑的战略。在保护地下水资源的同时，保护与地下水相联系的地表水资源和生态环境。每个州要根据地下水的使用目的和价值，确定地下水污染治理的优先顺序。EPA已在地下水保护方面投资超过8千万美元。

3.2.1.5　杀虫剂计划

环保署为控制某些形式的面源污染而负责管理的另外一个计划是杀虫剂计划，它是按《联邦杀虫剂、灭真菌剂和灭鼠剂法案》（Federal Insecticide, Fungicide and Rodenticide Act, FIFRA）制定的。该计划针对面源污染问题，授权EPA实施，目的是控制杀虫剂，避免危害地下水和地表水。和其他条款相比，这个计划授权美国国家环境保护局控制那些可能会威胁到地表水和地下水的杀虫剂。FIFRA规定了杀虫剂的注册和执行标签要求，要求标签中必须包含最大使用量、使用注意事项和"慎用的"杀虫剂（仅限接受过处理有毒化学物训练者使用的杀虫剂）的类别。

3.2.1.6　湿地保护计划

EPA的湿地保护计划也开展了一些关于面源污染控制的项目，包括河流走廊水质管理、面源污染综合研究、洪涝灾害的管理、水质改善、湿地生态环境保护。EPA已编辑出版了《湿地最佳管理实践技术手册》。

湿地保护区规划（Wetland Reserve Scheme, WRS）是保存和保护湿地及相关土地的志愿性规划。参与者可以卖出永久性或30年的保护权，也可以与美国农业部签署一份保存和保护湿地的10年成本分担协议。土地所有者志愿限制土地的未来使用，但仍然拥有私人的所有权。
NRCS 为恢复和维护土地计划的制定提供技术援助。土地所有者保留
对土地准入的控制权，他们也可以将土地出租，用于打猎、垂钓和其
他非开发性质的娱乐活动。2002 年，湿地面积将从 120 万 acre 增加到
227.5 万 acre。

3.2.1.7 水源评价和保护计划

1996 年美国上议院的报告指出，水资源保护是保证安全饮用水持
续供给的一种经济有效的战略。仅依靠治理是远远不能解决复杂的水污
染问题，特别是分布面积广的面源污染问题。因此，《安全饮用水法修
订案》（1996 年）为防止饮用水污染修订水源评估和保护规划，做出了
规定，增加了 1 453 章，重点强调水资源保护，防治水资源污染，保证
安全饮用水的供给。根据该修正案的 1 453 章，建立了水源评价和保护
计划（Source Water Assessment and Protection Programs，SWAPPs）。这
个计划确定供给自来水的区域，列出污染物清单并评估水资源系统对污
染物的敏感度，同时向公众公布这些结果。美国国家环境保护局负责审
批各州的水源评估计划，其中有几个专门针对地下水保护问题所做的计
划。计划要求各州向 EPA 在 1999 年 2 月 6 日前递交州的评价计划。主
要内容应包括圈定水资源保护区，编录这些地区的主要污染物，确定每
个公共供水系统对污染的敏感性。EPA 制定了 SWAPPs 指南，以帮助
各州建立 SWAPPs。EPA 希望将 SWAPPs 与井源保护计划、综合州地下
水保护计划、唯一源含水层指定计划、水流域面源杀虫剂计划和废物控
制计划相结合，帮助各州和地方政府建立最有效的水资源保护计划，避
免昂贵的水污染治理费用。

1996 年安全饮用水修正案，开启了经济有效、防止饮用水污染的
新纪元。各州的水资源保护办法可以具有灵活性，公民尽可能参与该项
计划。EPA 要求各州在 2 年内通过该计划 10 % 的资金来完成评价计划。

SWAPPs 的目标，到 2005 年 60 % 的人口供水来自水源保护计划系统。为实现这一目标，EPA 要求该计划的实施要充分利用以往的研究成果，与现在正在进行的州的各项水资源评价和保护计划相协调。如与面源计划、井源计划、水流域计划、EPA 的州全面地下水保护计划（作为水流域计划的一部分）、脆弱性评价计划、监测计划、杀虫剂评价计划、清洁水法或各州及地方法案下的水源圈定和评价行动。这样才能更好地制定污染减轻、保护和恢复战略，更好地实施水资源评价和全面保护计划。

3.2.2 美国国家大气和海洋管理局规划

1990 年国会通过了海岸带法修正案（Coastal Zone Act Reauthorization Amendments，CZARA），修正的目的在于引起人们关注包括面源污染对沿海水域影响在内的几个方面。为了更有力地控制面源污染对沿海水质的影响，国会在第 6 217 条"保护沿海水域"中建立了《海岸带面源污染控制规划》，综合管理海岸带地区的面源污染问题。规定，凡是海岸带管理规划已获批准的各州必须制定沿海面源污染控制规划，并向美国国家环境保护局及美国国家大气和海洋管理局（NOAA）提交审批。这个规划的目的是与其他州和地区当局密切合作，制定和实施面源污染的管理措施，以恢复和保护沿海水域。

《海岸带面源污染控制规划》的目的不是要代替已有的海岸带管理规划和点源污染管理规划，而是为了修正和扩展现行的面源污染管理规划，同时也是为了密切配合各州、地区已经实施的依据 1972 年《海岸带管理法》制定的海岸带管理规划。这段立法的历史表明，第 6 217 条的主要目的是加强联邦、州的海岸带管理和水质规划之间的联系，增强州和地区对破坏沿海水域和栖息地的土地使用活动的管理力度。

CZARA 的第 6 217 条要求美国国家环境保护局通过向 NOAA、美国鱼类和野生动物服务中心及其他联邦机构进行咨询之后，出版了《沿海水域面源污染具体管理措施导则》。在第 6 217 条（5）中，管理措施的定义为：指目的在于控制现有的和可能新出现的面源所产生污染物数量的措施，并且经济上可以实现，它反映出通过现有最好的面源污染控制实践、技术、程序、定点尺度、实施方法和其他可供选择的办法，削减污染物可以达到的最大程度。

美国国家环境保护局出版了《沿海水域面源污染源具体管理措施导则》（EPA，1993a），定义和描述了关于城区、农业资源、森林、码头娱乐性划船、水文条件变更（管道化、水道变更、筑坝和河岸海岸侵蚀）以及湿地水滨地区和生长处理系统的管理措施。

CZARA 要求 NOAA 和 EPA 协助 29 个州、领地和部族实施海岸带计划，NOAA 和 EPA 制定了《海岸带面源污染特别管理措施指南》，以帮助各州建立它们的计划。该指南有七大方面内容：其一，保护海岸水域，防治面源污染；其二，保护农业，防治面源污染，包括管理沉积，管理营养物（氮、磷、钾），管理动物设施，管理灌溉，管理杀虫剂，管理放牧；其三，管理城市径流，防治面源污染；其四，管理林业面源污染；其五，理船业和码头面源污染；其六，管理生活面源污染；其七，管理湿地，防治面源污染。

1995 年有关地区已向 NOAA 和 EPA 递交了计划，等待 NOAA 和 EPA 的审批通过。审批主要包括 3 个内容：其一，面源污染控制管理边界的确定；其二，有关管理措施；其三，强制管理方针和管理机制。

2004 年完成海岸带面源污染控制规划的第 1 阶段，2009 年完成计划的第 2 阶段。

3.2.3　美国农业部计划

3.2.3.1　乡村清洁水计划

《乡村清洁水计划》（Rural Clean Water Program，RCWP）是由美国农业部和美国国家环境保护局共同实施的一个面源污染控制计划，是

1980—1990 年控制跨国家流域范围内农业面源污染所做的尝试性努力。在所选择的水源地，RCWP 体现出了农业最优管理实践对于提高水质的作用。水质监测是这个计划的重要内容。该计划是根据《农业、农村开发及相关机构拨款法》制定的。该计划的目标如下。

①在提供食物、纤维和高质量的环境时，在项目被批准的地区以最具成本效益的方式达到水质的改善。

②协助农业土地所有者和农场经营者减少农业面源水污染物，改善农村地区水质，达到水质标准和目标。

③制定并试行规划、政策和控制农业面源污染的程序。

该计划由 USDA 负责，与 EPA、USGS、大学、地方政府以及有关机构共同实施该计划。该计划的总拨款为 6.4 亿美元，全美国有 21 个实验性的项目得到资助。还对其中的 5 个流域项目（Idaho，Illinois，Pennylvannia，South Dakota，Vermant）进行额外的资助，以进行全面的监测和评价。在所有 21 个项目中，每个项目都包括实施减少面源污染的最优管理实践（Best management practices，BMPs）和用来评估其效果的水质监测。最优管理实践的对象是每个项目中的重点地区，即被确认对破坏水源有显著影响的面源污染物来源。土地所有者的参与是自愿的，采取费用分担和技术支持的办法作为刺激，以使他们实施最好的管理实践。大多数 RCWP 项目始于 1980—1981 年，一般在 1992 年结束，个别项目到 1995 年才结束。

在《农村清洁用水规划》（RCWP）中，将水质监测和土地治理的努力相互联系，记录面源污染控制的有效性。水质监测的结果用来调整土地利用活动，有助于改进最优管理实践的对象，即那些最需要治理的污染源。来自农村清洁用水规划的水质调查结果也被用来调整和改进农业面源规划和最优管理实践。

RCWP 的实施遇到一些麻烦，主要原因是：其一，农业活动的影响常被一些非农业污染源所掩盖；其二，农业污染问题不好明确定义；

其三，土地处理的面积和程度不够；其四，监测设计不够合理；其五，监测时间不够；其六，农业活动的改善对水质的影响被污染物累积效应所掩盖。

尽管如此，RCWP 计划中的每个项目在改善水质方面都取得了一定的成就。主要表现在：其一，建立了联邦、州和地方机构的良好合作关系，这是有效实施面源污染控制的必要条件；其二，在 RCWP 计划的资助下，明显地采用费用分担的最好管理实践，使水质得到改善；其三，增加公众实施最好土地管理实践活动，改善水质的意识。

RCWP 计划的实践证明以下几个方面。

①最有效的信息和教育传播方法是项目负责人与农民一对一接触。

②面源污染水质监测的费用与监测所带来的好处比较是相对较低的。

③水质监测的时间至少是 2 年，才能识别关键的污染源，建立水质基准。

④费用分担是吸引农民参与控制面源污染最有效的方式。

⑤化肥和杀虫剂的管理以及耕作的最好管理实践活动是最经济、最有效的实践活动。

⑥如果对一小部分相关变量采样频率一致并进行分析，是探明水质变化趋势的最经济、最有效的办法。

⑦分析土地利用活动与水质关系必须合理选择知识变量和数据管理。

⑧利用监测计划的结果，可以更好地实现水质改善的目标。

3.2.3.2　国家灌溉水质计划

1986—1993 年美国内务部在主要农产区——美国西部的 26 个灌溉地区实施了该项计划，主要针对地表水。该计划有 2 个目的：一是建立 26 个地区地表水及其沉积物、生物样品的关系数据库；二是利用数据库识别不同地区由于灌溉水引起的水质问题的共同特征，并且识别主要影响因素。

3.2.3.3 农业水土保持计划

该计划的目的是水土保持、改善水质、保护野生动物栖息地的生态环境。该计划有一部分内容是关于面源污染控制的问题研究。

3.2.3.4 水土保护区计划

该计划的主要目的是保护国家最严重的水土侵蚀地区，以保护和改善水质，特别是保护环境敏感地区，如渗滤带、湿地和井源保护区。同样，该计划也涉及面源污染问题研究。

3.2.3.5 农场法（2002）保护条款

联邦政府按照《粮食安全法案》（《农场法案》），向试图保护、改善和保持土壤和其他自然资源的土地所有者提供技术和资金支持。以下小节概括了 2002 年法案中和最优管理实践的安装和维护直接相关的条款，其余信息参考美国农业部网站。

环境质量激励规划（EQIP）是根据《1996 农场法案》制定的，该规划为面临严重的土壤、水和相关自然资源威胁的农民和农场主提供了志愿性的保护规划。2002—2007 年，基金由 2 亿美元增长至 11 亿美元。EQIP 提供资金上、技术上和教育上的帮助来设置或实施为保护土壤和其他自然资源而设计的建筑、植被和管理实践。这部法律规定将可用资金的 60 % 直接用于和牲畜有关的项目。一般来说，分摊的成本最多可占某一具体保护实践成本的 75 %。为鼓励生产者实施土地管理实践，例如营养物管理、粪肥管理、有害物综合管理、灌溉水管理和野生动物栖息地管理，可以为他们提供奖金。目前，可以为超过 1 000 头牲畜的牲畜饲养业提供资金用于建造动物排泄物管理设施。

保护保障规划（CSP）《2002 年农场法案》中为那些采用或者保持现有保护性实践的生产者提供奖金。生产者每年可以得到 20 000 美元、35 000 美元、45 000 美元 3 个层次的奖金，实践全面的生产者可得到较高的奖金。这一合同将持续 5～10 年。

改善保护区规划（CREP）在 1996 年首次制定，并在《2002 农场法案》中继续执行。CREP 是一个联邦与州的联合规划，它是为满足特殊的保护目标而设计的。CREP 以州和联邦基金为对象，旨在达到对国家和州有重要意义的共同环境目标。该规划用财政极力鼓励农民和农场主志愿保护土壤、水和野生生物资源。

3.2.4　总统水质动议法

1989 年时任总统布什颁布了总统水质动议法（Precident's Water Quality Initiative，PWQI）。目的是保护地下水和地表免遭化肥和杀虫剂的污染。在过去的几年中，国会对此进行了资助。美国农业部、美国国家环境保护局、美国地质调查局和美国国家大气和海洋管理局共同参与了这个计划。开展了一些水流域项目，包括水质刺激项目、水质合作试点项目和水文单元合作项目。通过这些项目，研究化肥和杀虫剂的面源污染问题。

3.2.5　美国地质调查局计划

3.2.5.1　国家水质评价计划

国家水质评价计划（National Water-Quality Assessment Program，NWQAP）从 1991 年至今；该计划的长期目标是在综合不同空间尺度水质信息的基础上，描述国家大的、代表性地区的地表水和地下水资源的水质状况和趋势。对影响水质的主要自然因素和人为因素提出可靠、科学的认识。该计划由 2 个部分组成：一是研究单元调查，二是国家综合行动。

关于研究单元调查，该计划包括了 60 个研究区，涉及美国大部分主要河流、盆地和大部分的含水层。第 1 批研究单元的调查与评价从 1991 年开始；第 2 批研究单元的工作从 1993 年开始；1997 年开始了其余研究单元的工作。研究单元的调查分 2 个阶段：一是数据搜集与初步评价，需要 3～4 年，首先进行水流域的环境背景研究，在每个单元搜集各方面信息，包括物理、化学、生物、栖息地等资料，初步进行多学科综合评价；二是长期评价活动，需要 6～7 年，不仅要确定水质的变化趋势，还要对每个研究单元上水质的演变机理有清楚的认识，为了实现这一目标，就要分析和解释水资源的化学和生物特性，确定它们在研究单元内，与土地利用和管理实践活动所引起的水文变化之间的关系。

国家综合行动将根据各研究单元的研究成果和其他计划的研究成果，提供有关多个研究单元和国家规模的水质信息，并着重研究国家许多地区普遍关心的水质问题。为了保证一致性，美国地质调查局对野外工作、试验方法、水质测定及数据要求建立了统一的标准。

NWQAP 计划首先考虑的是营养物和杀虫剂。关于硝酸盐和杀虫剂的初步综合研究得出了一些重要的结论，这些研究将有助于今后的监测重点方向。NWQAP 计划在 1994—1995 年开始考虑对挥发性有机化合物（Volatile organic compounds，VOCs）的监测。

3.2.5.2 井源保护计划

大约美国 1/2 人口的饮用水供应依赖地下水。地下水一旦被污染，其清理的费用十分惊人。超基金法中每个地下水污染场地的治理费用为 590 万～730 万美元。另外再加上提供新的水源需要打新井，铺设新的输水管道，费用更加昂贵。因此，井源保护是保证水持续供给的最经济有效的方法。井源保护还为联邦、州和地方政府提供了保护地下水资源可靠的依据。从长远利益来看，井源保护计划为水用户节省了开支。通过井源保护计划，可以为土地规划者、经济开发商合理规划开发场地、避免地下水污染和资金的浪费提供科学依据。总之，无论从人类健康和生态环境保护，还是从经济及水的可持续利用等各种因素考虑，井源保护计划可以保护宝贵的地下水资源，避免污染和过度使用。

该计划是根据安全饮用水法的 1 428 章制定的。该计划到目前还未完成。各州正在考虑将井源保护计划与 1996 年安全饮用水法修正案 1 453 章的水源评价和保护计划以及 EPA 的州全面地下水资源保护计划相结合，全面实施地下水资源保护工作。根据井源保护计划实施以来的经验表明，水资源调查和随后的管理计划是井源保护计划的核心。计划的成功实施需要地方、区域和联邦各级政府和机构的通力合作，还需要广大公民的参与。

3.3 技术体系

3.3.1 面源污染评价

面源污染评价指通过实地调研或资料收集，识别污染水体或河流，确定受损水体，确定造成水体污染的面源污染类别与子类，进而制定治理每个分类和子类面源污染的最佳管理实践，并通过描述相似及相近地区的面源污染计划以支持本地区的面源污染控制工作。

面源污染评价包括 4 个部分（也被称为四大立法条件）。

①污染水体或河流的识别（即没有面源污染控制无法达到区域水质标准）：如果没有区域水质标准，可以使用国家水质标准作为区域水质标准。

②确定造成水体污染的面源污染类别与子类：最新的类别与子类列表可以参考《准备国家水质评估报告的指导方针（305（b）报告）》。

> ### >>> 农业面源污染的子类
>
> | | |
> |---|---|
> | 非灌溉作物生产 | 灌溉作物生产 |
> | 特种作物生产 | 牧场 |
> | 饲养场（所有类型） | 水产养殖 |
> | 动物保持 / 管理区 | 粪便 |

③描述区域如何制定针对上述每个分类和子类面源污染治理的BMPs，同时介绍 BMPs 如何执行以减少面源污染：应该包括公众参与、政府间协调等相关因素。许多区域利用国家或州的行政工具和资源，包括网络数据库和出版物等，确定合适的 BMPs。

④描述任何部落、州、联邦与控制面源污染相关的计划：这部分包括联邦、州、部落、当地和非营利机构提供的资金或技术以支持本区域的面源污染控制工作。如果没有一手的监测数据，可以求助于美国地质调查局、美国农业部自然资源保护局的可视化调查规范。

面源污染评价完成后，应该提交面源污染评价报告。《建立和管理区域面源污染规划的操作手册》中对评价报告的格式进行了规范。

⟫⟫⟫ 面源污染源评价报告的格式

封面、标题和评估的日期（年、月）

评估报告的目录（只是标示内容），报告中主要部分的列表、图表、附件列表及对应的页码

文本（该报告主体），根据该评估报告的每个主要部分的标题及相应的页码

概述

前言

方法

土地利用总结

地表水和地下水质量

结果

（一）概述

面源污染评价概述应该首先介绍评价的目的，解释区域水体需要

一个面源污染评价。这部分应该包括地区的简述、关键的面源污染问题（建立计划需要的基本数据、提供管理计划的方向或者满足某自然资源的保护目标）和主要结论。同时，需要提供整体的分析，强调主要的结论和需要关注的地区。需要注意的是，面源污染的类别和子类需要确定。这部分只讨论重要的数据和整体结论，要求简洁。

（二）前言

前言部分应该包括区域的历史、土地利用的演变过程和文化等。如果区域有新的土地利用规划或其他自然资源的管理项目，这些规划和管理项目应该介绍，并分析与水质的关系。前言部分也应该包括报告的目标和目的，并说明公众意愿的过程。目标是目的的一般性表达；目的是具体的，实现目标的可衡量行动或意图。

（三）方法、途径

该方法部分描述使用的评估方法。本部分的信息应包括以下内容。

①如何以及何时收集现场数据（地表水和地下水）。

②时间轴（数据收集的年份）。

③空间分析单位，如采用 GIS 进行空间分析。

④历史数据源（例如从国家和其他联邦机构）。

⑤数据的质量水平。

⑥抽样设计。

⑦采样参数。

⑧使用标准。

⑨数据收集和分析过程中的任何意见或假设。

⑩数据管理。

（四）土地利用

土地使用要说明现有土地的用途和对保留的土地生态环境的表征。如果可能的话，使用地图和水文单位代码（Hydrological unit code，HUC）识别流域。描述一些物理特性，包括种植面积、主要土地类型和用途、地形以及有关土壤和一般地质。一定要突出任何影响水质变化的特点或趋势；例如喀斯特地貌（这使得径流轻松进入地下水源）、交替山洪、干旱或多孔的土壤陷阱和保持污染物的特性。

此外，在本节说明土地利用和社会经济条件。把重点放在影响水质特点的因素，如人口密度、经济活动或者居民面对的独特挑战。利用网上资源、区环保局的工作人员和当地或区域的主管部门收集的本节信息。有些区域已经与国家机构、大学、志愿者团体和其他实体合作，收集土地利用和水资源信息。这种伙伴关系为以后区域水质评估和管理奠定基础。

（五）地表水和地下水质量

本部分说明地区地表水和地下水的基本情况，包括规模、水文和使用状况。所有的水体应予以说明，包括河流、小溪、湖泊、水库、湿地和运河。在表征每个水体时应一致。水体的讨论应在水文、水质和流量的框架内进行，包括间歇性和短暂的。给出区域管辖界限内水体的长度和面积，地下水也应说明。应该使用详细地图和其他图形以获取信息，可能的话可以自由从 Web 站点下载，包括水体的照片，强烈推荐这种获取信息的方式。需要的信息包括以下内容，

①水体类型（例如河流、溪流、湿地、水库、湖泊等）。

②水体大小、长度。

③流域面积。

④污染类型（包括现有的污染和潜在污染）。

⑤使用信息（即冷水渔业或娱乐）。

⑥历史水质信息。

美国国家环境保护局建议，包括水文单位代码的分水岭描述的数字。HUC 是由美国地质调查局指定的用 2～12 位数字为水体表面分类系统的一部分。美国划分和细分成更小的水文单位，分为 4 个层次：区域、次区域、核算单位和编目单位。水文单位是嵌套的，从最小（编目

单位）到最大（区域）。每个水文单元所确定的 4 个层次分类的水文单元系统很容易获得的目标流域的 HUC。

（六）结果

本部分是基于描述、分析和解释数据，清楚地界定水体的状态。在本部分开始时，重申对研究区最重要的面源污染问题或威胁，可能会有所帮助。水域的一般状况应以叙事的概述，这应该由一张总结了所有水体状态的表进行支持。叙述部分提供的信息应包括以下内容。

①水体名称。

②面积或长度。

③生物、物理或水质各主要类型参数或污染物的测量或观测（例如粪大肠菌群、pH 值、生物指标、沉淀、流量）。

④任何面源的来源或引起关注的来源（类别和子类别）。

⑤表明损害或威胁水质参数和损害或威胁的严重性（例如稍有影响、中度威胁、严重威胁或影响）。

⑥总体水质状况的评价（例如好、一般、差）。

⑦用于评价（监视和评估）的信息类型。

3.3.2　面源管理方案计划

面源管理方案计划（以下简称管理计划）描述了区域如何使用包含在评估报告中的信息来解决已确定的水质损害和威胁。该管理计划详细阐述进行改善的具体活动或者评估报告中维持的条件。该管理计划覆盖至少 4 年，并期望会在第 5 年进行更新。EPA 鼓励部落制定管理计划周期超过 5 年，如果有大的变化需要在第 4 或第 5 年之前进行，这是可以接受的修改管理计划。公众告知和发表意见的机会，也需要计划，并可以单独或与评估报告一并完成。管理计划包括以下组成部分。

①确定打算使用的 BMPs。

②确定执行 BMPs 的程序，可能包括执行合适的、非强制性的或监

管程序、技术援助、经济援助、教育、培训、技术转让和示范等。

③实施 BMPs 的时间表，具体到每年。

④区域权威认证，以确定有足够的权利可能执行区域 BMPs。

⑤联邦和其他所有可能的金融援助来源。

⑥现有的方案，确保没有冲突。

⑦将会协助实施 BMPs 的地方和民间专家名单。

⑧计划应该是在一个流域的基础上开发的（鼓励，而不是必须）。

管理方案计划应包含以下组分，对应解决上述的每个组成部分。

>>> **面源管理计划方案的格式**

封面、标题和计划的日期（年、月）

管理计划的目录（只是简单标示的内容），管理计划的主要部分包括图表、列表、附录以及相应的页码

文本（报告的主体），对应该管理计划的每个主要部分的标题及相应的页码

概述

简介

区域管理项目总结

管理方案的内容

确定可能的最佳管理措施，项目、资金等方面。

可以帮助实现计划的地方和私人专家名单

实施 BMPs 的时间表

区域权威认证

参考文献或信息来源

附录

缩略语表

每个主体部分将在下面详细说明。

（一）概述

提供一个评估报告中水资源、使用和面源污染损害或威胁的总结描述，需要一个面源管理计划和环境状态。是否有特殊的功能、需求和文化问题会影响管理计划？使用地图描述将得到解决的水资源。说明区域权威的认证在哪里被发现。例如认证可在 TAS 文件、评估报告或在附录中找到。同样的方法可采取信息公示。

（二）前言

说明面源管理计划的目的和目标。确定区域正在使用或将要使用的战略以确保项目的成功。说明该计划将实施的地理范围。

（三）管理计划总结

说明区域当局、资源计划、条例和其他政策。提供计划进行的区域政府的行政位置，并描述与其他区域的治理结构中的关系。有没有一个预期的人员结构？管理计划是否以流域为基础？为什么或为什么不？描述利用当地专家合作管理的报告方式，并进行区域其他联邦项目的一致性评价。

（四）管理计划描述

本部分将详细描述管理计划的范围、结构和功能，包括面源污染控制方案下预期的所有工作。

这部分中，描述要治理的面源污染类别和子类别，并与他们在评估报告中提出的问题的性质和范围具体信息联系起来。区域可以选择，以解决每个类别面源污染计划中的一个单独的小节。每个类别都应该有一个目标，以及短期和长期目的，涵盖项目计划的 5 年周期。还勾勒周期中期目标和要在第 5 年开展的时刻表，在未来 5～10 年，将在计划中更新提供范围和方向。有些区域利用他们一般自然资源管理文件定义长期的资源改善计划。

3.3.3　流域规划

流域规划是一种面向全盘、帮助恢复区域土地和水资源的方法。它对防止或校正面源（NPS）所造成的污染环境问题特别有用。面源污染负荷削减的重要机制之一是流域规划。流域是指这样一块陆地区域：它向一条单独的河流或其他水源排水。流域的定义单一根据排水区域，而非根据土地所有权或者政治疆界。流域方法是用于环境管理的一种协调框架，它将地下水和地表水都考虑在内，着眼于通过公共部门和私人部门的努力来处理该水文地理区域（例如流域）的优先性问题。

流域规划包括建立伙伴关系、描述流域、确定流域具体问题、制定目标、确定解决方案以及衡量进展情况 6 个步骤（图 3.3）。

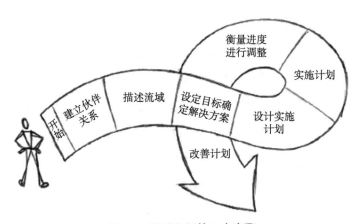

图 3.3　流域规划的 6 个步骤

由于建立合作伙伴关系是第一步，也是确保努力不断取得成功的关键，EPA 已详细列举一系列关于利益相关者的识别和这些关系的培养方式。

建立伙伴关系。对于一个人或组织单独执行流域规划往往过于复杂和过于昂贵。要在流域层面（而不是限制在区域的土地上）有效地开展工作，区域需要与流域内部和外部的利益相关者合作。利益相关者是一个与流域规划的结果有利益关系的个人或组织，具有能够制定和实施决策或者协助执行决定的能力。图 3.4 提供了一个起点，在区域和区域外利益相关者群体中考虑你的财团。需要注意的是各利益相关者群体中可能起到推动作用的关键人物。

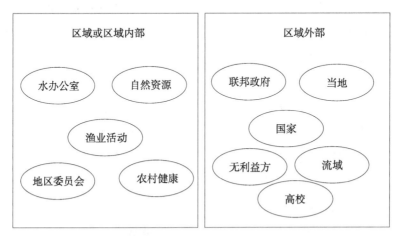

图 3.4　潜在的利益相关方

描述流域特征。这个过程与 CWA 319 方案中生产区域面源评估报告类似，但它也包括污染点源，如污水处理厂、工业设施及根据国家污染物排放许可的雨水排放消除系统（NPDES）。在这个阶段，将收集现有数据，并创建一个数据清单，分析已有数据和需求数据的差距，收集所需要的额外数据，并分析数据。这个流域数据分析的目的是找出污染水体的原因和来源。

可能会在哪里找到这些现有的数据？一些实体（如下）定期收集流域的各种信息。一个良好的开始是与联邦和州政府机构，以及在 106 和 319 应用程序编写的任何文件。例如可能已经收集上传 106 报告为 EPA 的 STORET 数据库中的数据。

①联邦机构（美国地质调查局、美国鱼类和野生动物服务、美国林业服务、土地管理、美国陆军工程兵团、环保局）。

②国家机关（水、渔业、林业、农业）。

>>> 表征流域的数据类型汇总

物理和自然特征	水体条件
流域界限	水质标准和指定用途
水文	305（二）报告
地形	303（D）名单
土壤	综合报告
气候	TMDL 报告
居民	水源保护区
野生动物	污染源
土地利用与人口特征	点源
土地利用和土地覆盖	面源
现行的管理办法	水体监测数据
人口统计	水质数据
	流量数据
	生物数据

③高校。

④流域团体（志愿监测方案、当地知识）。

⑤湖泊和河流协会。

⑥地方机关（水或废水、卫生、规划和分区等）。

⑦区域规划机构。

⑧ EPA 的 Surf Your Watershed 网站 ④。

确定目标和解决方案。在这部分，需要在数据分析的基础上设定目标；确定管理目的；并选用来衡量实现水质改善进度的指标；细化目标，建立更详细的目标和指标，完善和实施管理战略。这些目标将指导

---

④　www.epa.gov/surf。

管理实践的确定和选择，以满足目标乃至整体流域的目的。

设计实施计划。确定能够实现自己目标的流域最佳管理措施，开发实施计划中的剩余元素。设计实施程序时需要若干有效的流域规划的基本要素如下。

①信息或教育部分，以支持采用最佳管理措施时的公众参与和管理能力建设。

②实施最佳管理措施的时间表。

③中期目标，以决定最佳管理措施是否得到有效落实。

④通过哪些标准来衡量水质是否达到了目标。

⑤监测以评估实施工作的成效。

⑥实现计划执行所需要的技术、财政资源和权力的估计。

⑦评估框架。

实现计划。虽然许多流域规划手册以计划的制定为终点，但计划只是一个起点。下一个步骤是执行流域计划。执行可以以一个信息或教育的内容或实地的最佳管理措施开始。该计划应优先考虑哪些步骤是最重要的。

当开始执行时，流域伙伴关系的动态、利益相关者的参与程度都可能会改变。该计划完成后，需要确定您要如何继续经营。实施流域规划涉及各种专业知识和技能，包括项目管理、专业技术、数据分析、沟通和公共关系。流域规划实施小组成员应包括掌握这些技能的所有人。遵照并执行选择的最佳管理措施的时间安排和设置，确定的财政和技术资源，以及实施过程中形成的信息或教育计划。发挥计划制定过程中形成的伙伴关系的优势。

衡量进展情况并进行调整。向流域理事会或决策者、县长、选举产生的地方和国家官员、资助者、流域居民和其他利益相关者宣传项目团队的成就。该项目团队可能也想发出一个流域成绩单或开发一个事实表和小册子，以彰显其成就。报告卡会让社会知道水质条件的整体提高。

他们还让人们来比较特定区域的结果，看看事情是否正在改善，某些方面是否有关联，是否需要方向上的变化以实现更大的改善。这是建立流域问题的认识和了解流域规划实施进展情况的有效途径。

图 3.5 所示流域为实现持续改善这一主要目标而采取的迭代过程。

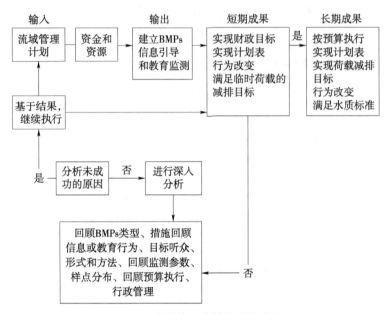

图 3.5   流域管理计划的迭代过程

EPA 最近确定了制定和实施有效的流域规划所需的 9 个要素来改善水质。如今 EPA 要求 319 资助计划资助的流域规划至少要包括这 9 个基本要素，并强烈建议针对受损流域的所有流域规划都使用这 9 个要素。

①识别原因和污染源或将此流域规划中可能要实现负荷削减（或实现其他流域规划中确定的目标）的污染源分组。

②管理措施（在认识自然变异和准确预测管理措施长时间绩效困难的情况下）实施预计的负荷削减。

③实施负荷削减所需的 NPS 管理措施，并确定流域规划中实施管理措施的关键区域（使用地图或文字描述）。

④估计实施这项规划所需的技术和财政援助、有关花费、依靠的资源和执行机构。

⑤加强公众理解计划，以及鼓励公众尽早和继续参与将要执行的NPS管理措施的选择、设计和实施所需的信息或教育部分。

⑥合理迅速地实施规划确定的NPS管理措施时间表。

⑦确定NPS管理措施或其他控制行动是否正在实施的衡量方法。

⑧用于确定随着时间的推移，负荷削减是否得以实现以及水质达标是否取得实质性进展的一套标准，如果上述目标未实行，这套标准需确定流域规划是否需要修改，或已确立面源的TMDL是否需要修订。

⑨评估随着时间的推移，实施工作成效的监测程序，以⑧中的标准来衡量。

3.3.4　最佳管理实践

美国面源污染的管理控制方面以"最佳管理措施（Best management practices，BMPs）"最具代表性。该实践起源于20世纪70年代后期，发展于20世纪80年代初期，成型于20世纪80年代中后期。美国国家环境保护局、美国农业部水土保持局及各州级政府相应机构都有相应的BMPs实施细则和办法。提倡运用非生物工程、生物工程措施削减面源污染；并在部分工程措施设计标准、效果评价和经济效益分析方面也有一定的发展。美国农业部设专款支持农民采用"BMPs"，发展生态农业，减少面源污染。美国农业部水土保持局提供技术指导帮助地方政府控制水土流失。美国内政部和美国国家环境保护局则建有全国范围的水质评价和水资源数据库、地理信息系统，为不同规模、层次的水资源规划和面源控制及时提供情报和信息。美国还在不同层次、不同性质部门建立面源监测、管理机构，管理、监测面源污染的起源、变化、形成机制，以便及时减少面源污染。政府还通过政策、税收鼓励、引导农民科学种田，避免滥施化肥和农药。同时，还在流域范围开展点源、面源污染总量控制和排污贸易，将面源纳入总量控制体系。美国国家环境保护局还设置了土地利用与水源水质监测参考项目表，用于与面源管理有关的水质检测。

除了流域计划可为其提供削减机制外，还可对其实施管理措施，使水质达标。这些措施都要以 TMDL 计划制定的 LA 为基础。当为流域内的点源设置了许可证时，记录应该表明未来面源的削减有所保证，即确保面源控制措施的实施和维护，并通过监测计划验证面源减少。担保可以采用很多种措施，包括强制手段，例如当不能证明完成面源负荷削减时，可以为点源制定一个更为严格的许可证限制。

管理实践通过以下方式控制面源污染物向接收水体的输送。

①最小化可得的污染物（源头削减）。

②通过减少水的输送进而减少污染物输送，或者使污染物沉积，来阻止污染物的传输和运送。

③在污染物输送到水资源中之前或之后，通过化学或生物变化进行补救和拦截污染物。

为全面解决面源对水体造成的损害和威胁，各州应该对流域内所有的面源实施管理计划并采取控制措施。BMPs 是防治或减少面源污染最有效、最实际的措施，主要用来控制农业、林业等生产实践中污染物的产生和运移，防止污染物进入水体，避免面源污染的形成。BMPs 通过技术、规章和立法等手段能有效地减少面源污染，强调面源的管理而不是污染物的处理。常用的 BMPs 示例如表 3.1 所示。

表 3.1　最佳管理实践示例

农业	造林
动物废物管理	地面覆盖维修
保护耕作	限制扰动区域
等高耕作	原木砍伐技术
等高带种植	农药、除草剂管理

续表

农业	造林
施肥管理	合理管理运输道路
全面有害物管理	清除碎石
山脉和牧场管理	滨水地带管理
梯田	道路防滑实验管理
基于草皮的轮作	矿业
设施构造	分块切割
限制扰动面积	暗渠排水
无植被覆盖地区土壤的加固	分洪
径流阻流、保持	多种类别
打磨表面，使其粗糙	缓冲带
城市	滞留、沉淀池
蓄洪	渗透设备
铺设多孔路面	草皮泄水道
径流阻留、保持	拦截、转移
街道清扫	地面覆盖
	沉积物收集器
	滨水管理区
	植物稳定、覆盖

　　管理实践可以最小化污染物到地表水和地下水的传输和运送。尽管有大量的最优管理实践可用，但它们都需要正规的监督和维持。管理实践通常被设计用来控制具体的土地利用中产生的特定污染物类型，例如保护性耕作是来控制灌溉或非灌溉农田的侵蚀。管理实践也可以通过控制别的污染物而得到一些次要的收益，例如减少侵蚀和沉积物输送的实践常常会降低磷的流失，因为磷被淤泥深度吸收并可被黏土颗粒吸附。因此，保护性耕作不仅减少了侵蚀，还减少了微粒状磷的输送。

　　有些情况下，一项管理实践可在与水质无关的方面产生环境效益，例如用来减少向水体中输送磷和沉积物的河岸缓冲带，也可充当许多鸟类和植物的栖息地。

然而，有时用来控制一种污染物的管理实践可能会增加另外一种污染物的产生、传输和运送。因为保护性耕作增加了土壤的孔隙度（即大孔隙的空间），因此会增加土壤硝酸盐的渗透量，特别是当施用氮的数量和时间并不是管理计划的一部分时。用来减少地表径流和增强土壤排水的瓦片排水管道，也能够产生一些不利的影响（Hirschi et al.，1997），例如集中氮并直接将其运送到河流中。为了减少瓦片排水管道引起的氮污染，可能还需其他管理实践，例如源头削减的营养物质管理以及置于瓦片排水管道出口起截断作用的生物过滤器。另外，减少地表径流的实践可能会同时减少河水流量，这可能会对栖息地产生潜在的不利影响。因此，只有在彻底全面评价他们的潜在影响和副作用基础上才可选定管理实践。

对管理实践系统的进行效用评估是非常困难的。有些研究人员建议管理实践系统的效用应该由个体活动的平均相对效用的相加得出。举个例子，假定一个用来控制沉积的系统包括地表排水、梯田和保护性耕种。根据从文献中得到的数据（Foster et al.，1996），由这些措施所达到的平均沉积负荷削减度为：地表排水 36 %、梯田 91 % 和保护性耕种 69 %。用这种方法，地表排水平均污染物削减负荷从总量 100 % 中扣除（100 %-36 %=64 %）。这样扣除了地表排水后，沉积剩余 64 %。如果梯田削减污染物负荷达到 91 %，那么扣除地表排水和梯田因素后的剩余污染物负荷应该为 6 % 左右 [0.64 ×（1.00-0.91）=0.058=5.8 %]。系统中剩下的最后一项实践保护性耕种，削减沉积负荷为 69 %，由此得出最终的沉积流出大约为 2 % [0.58 ×（1.00-0.69）=0.018=1.8 %]。

但是，RCWP 项目表明，个体实践在某一实践系统中的效用并不是加成的。一些在项目中使用的 BMPs 的有效性是由美国农业部测定得出的，结果如表 3.2 所示。

表 3.2 蛇河 RCWP 项目中个别 BMPs 的沉积消减效用   单位：%

单个 BMPs	效用均值	效用范围
沉积物盆地	87	75～95
微型盆地	86	0～95
掩埋管道系统	83	75～95
植被过滤	50	35～70
稻草覆盖物	50	40～80

在爱达华 RCWP 项目中的沉积负荷被削减了 75 %。尽管在该项目中的 19 个 BMPs 中只测评出 5 个效用（表 3.2），可以看到，如果按照前面提到的测算方法，假定各项实践活动的平均效用是可以加成的，这 75 % 的总削减额是不可能被精确估计出来的。利用加成算法，如果利用表 3.2 中 5 项实践的平均效用值，沉积物的流出量基本减为零。

总而言之，任何管理实践系统的总效用，不仅是单个实践活动的平均效用的函数，也是在与地点相关的具体条件下实践活动之间交互作用的函数。

3.3.5 污染物负荷估算工具

污染物负荷估算工具（Pollutant load estimation tool，PLET）采用简单的算法评估不同土地利用的养分和沉积物以及最佳管理实践（BMPs）下的负荷减少。PLET 根据径流量和径流中受土地利用和管理实践等因素影响的污染物浓度，计算年度养分负荷；根据通用土壤流失方程（USLE）和输沙率计算年输沙量，并利用已知的 BMPs 效率计算实施 BMPs 所导致的泥沙和污染物负荷减少。PLET 考虑的土地用途有城市土地、农田、牧场、饲养场、森林和用户定义的类型。污染源包括主要的非点源，如农田、牧场、农场、饲养场、城市径流和失败的化粪池系统。计算中考虑的动物类型为肉牛、奶牛、猪、马、羊、鸡和鸭子。

　　PLET 是基于网络的建模工具，具有场景保存与共享、解决 Excel 版本控制与兼容性问题、用户可以直接将效率导入选定方案等优点。PLET 与估算污染物负荷的电子表格工具（STEPL）相比较，用户可以直接通过 web 界面创建自定义模型，不再需要将可执行文件或电子表格下载并安装到本地计算机上。

　　图 3.6 显示了 PLET 的总体模型结构，包括输入模块、输出模块以及用于处理中间计算的隐藏过程。输入数据包括州名称、县名称、气象站、土地使用面积、农业动物数量、施肥月份、使用化粪池的人口、化粪池故障率、直接废水排放量、灌溉量、频率以及模拟流域的 BMPs。当区域数据可用时，用户可以选择修改土壤侵蚀参数、土壤和径流中的养分浓度、径流曲线数和详细的城市土地利用分布的默认值，模型自动计算总氮、总磷、生化需氧量和沉积物的污染物负荷和负荷减少量。

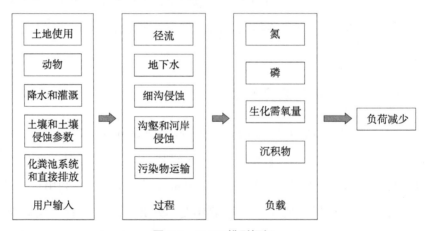

图 3.6　PLET 模型框架

3.4　资金来源

　　流域机构以及州和地方政府需要足够的资源，以实现清洁水法案的目标，提高国家的水质。为了支持这些努力，美国国家环境保护局创建了专门的网站⑤，以提供工具，数据库，以及有关资金是为保障流域从业者和资助者的来源。在联邦保护流域的资金来源（赠款、贷款、费用分摊）目录中提供了多种流域保护项目提供资金的可搜索数据库。在搜索数据库中，可以使用基于主题事项的标准搜索。标准搜索，包括组织的类型（例如非营利组织、私人土地拥有者、国家、企业）、寻求协助（赠款或贷款）的类型和关键字（如农业、野生动物栖息地）。搜索结果中按名称排序，单击每个名称，可以查询每笔资金的详细信息。

由 EPA 通过国家面源污染控制方案提供的基础和有竞争力的资金通常不能足以解决所有的面源污染和区域水生栖息地的问题。最成功的改善水质的经验通常是那些能够利用其他资源，例如，其他途径所提供的技术服务供应商的协助，支持可用资金或技术手段，如设备，或从外部来源获得资金的地区。本部分将详细介绍美国一些地区获得技术、劳动力、资金或其他资源以支持面源管理计划和项目的一些做法。

3.4.1　CWA 106 计划

国会要求美国国家环境保护局允许州和区域的援助资金账户拨款资助多介质或单一介质的污染预防，控制和消除及相关活动（环保项目赠款），包括第 106 条资金，以援助受助人推行环保计划。CWA 106 授权联邦拨款以协助州和州际机构管理水污染防治方案，联邦承认申请已通过、进行了修复并满足 CWA 第 518（E）条要求的区域，可以得到 CWA 106 的资金。由区域使用这笔资金制定监测方案、水质评标准、规划、设计和管理预留水资源等活动，以解决水质问题。

2013 年 11 月 1 日，国会对第 106 条相关的内容、程序进行了补充。CWA 106 授权环保局在全国、符合 CWA 518 的区域及州际机构提供联邦援助，通过这些资金建立并保持足够的措施预防，以支持地表水和地下水点源和面源的污染预防和控制。预防和控制活动，包括提供国

---

⑤　https://ofmpub.epa.gov/apex/watershedfunding/f?p=fedfund:1。

家污染物排放消除（NPDES）许可证、环境水质监测和评估、监测策略的增强、国家水产资源调查、水质标准制定、最大日负荷（TMDL）制定、监督和执法，水质量规划，建议和帮助当地的机构，培训服务和公共信息等。美国国家环境保护局鼓励区域使用 CWA 106 资金来进行面源污染控制。

第 106 条款的资金也可以用来清查面源、出席面源污染会议和培训及建立伙伴关系等，以解决面源污染问题。当获得 CWA 319 的资金和区域面源污染治理的计划建立后，CWA 106 计划将提供重要的技术和其他服务支持的来源，可以与面源计划集成到区域整体的水资源管理机构或程序中。第 106 条款资金重点在规划和管理活动，不得用于实现 WBPs 或实地的项目。任何前置和后置项目监测工作均应当纳入 319 资助项目 [6], [7]。

3.4.1.1　合资格的实体

有资格申请第 106 条款资金的实体包括：国家、地区、哥伦比亚特区、州际机构和联邦承认的部落政府和 CWA 第 518（E）条规定的部族间的财团。

3.4.1.2　费用资助的相关方案

对于美国国家环境保护局利用科技顾问资源相关的程序支持，活动必须：州际或部落污染治理机构的内在责任，有资格获得相应的法规下的资金。受助人必须提供书面文件，要求在指定相关的方案资助活动。该声明应包括资金被截留的金额（如适用），并承认美国国家环境保护局将指导指定用途的资金。

在第 106 条款的程序，相关的方案的资助费用支持污染治理项目在国家、地区、州或部落规模的实施。方案经批准后，由受影响的援助受

---

[6]　www.epa.gov/owm/cwfinance/pollutioncontrol.htm。

[7]　www.epa.gov/owm/ cwfinance/106tgg07.htm。

助人要求，环保署需要提供给这些实体资金，并签订合同，拨款。

3.4.2　CWA 319 计划

CWA 319 计划的资金按照非强制性的或监管程序支持提供技术援助，教育，培训，技术转让和示范项目。部落和州使用 319 资金以制定或实施流域水污染治理和其他活动支持面源污染控制，如河流的恢复、公众教育、污水处理系统维修或更换、牧场管理以及农业实践特别项目控制土壤侵蚀等。

在许多州和区域，可以申请协作 CWA 319 的资金（表 3.3），由州水资源管理机构支付。州一直在资助面源污染项目，多方利益相关者群体特别感兴趣，包括区域、农业机构、生产者团体和环保组织等。在大多数州，项目的竞争要求是很高的，达到 40 %；但是在很多情况下，更多的资金可以由部落面源污染项目提供。因为每个州依据 CWA 319 资金制定了各自的规则，有兴趣申请州资助的人应与该州的面源污染项目协调员联系。州 CWA 319 程序管理员名单和他们的联系信息均在 EPA 网站上发布[8]。

表 3.3　CWA 319 资助资金历史记录　　单位：百万美元

财政年度	拨款额度
1990 年	38.0
1991 年	51.0
1992 年	52.5
1993 年	50.0
1994 年	80.0
1995 年	100.0
1996 年	100.0
1997 年	100.0
1998 年	105.0

[8]　www.epa.gov/nps/state_nps_coord.pdf。

续表

财政年度	拨款额度
1999 年	200.0
2000 年	200.0
2001 年	237.5
2002 年	237.5
2003 年	238.5
2004 年	237.0
2005 年	207.3
2006 年	204.3
2007 年	199.3
2008 年	200.9
2009 年	200.9
2010 年	200.9
2011 年	175.5
2012 年	164.5
2013 年	155.9
2014 年	159.3

　　实现更高的配套支持的要求是具有挑战性的，但也有很多如何解决实物和现金支持需要的例子。以下是一些方法供参考。

　　①劳动力：包括参加会议、规划会议、培训活动、制定监测方案或促进野外工作的人员。劳动时间可以按实际工资率计算，包括附加费用及其他费用，也可以按照类似的工作、类似的薪酬进行估计[9]。

　　②设备使用：对设备的价值进行估计，如链锯、拖拉机、挖土机。通常情况下，这类服务的价值按操作小时和规模计算，包括设备操作人员的时间。例如，小型、中型或大型拖拉机的操作人员和设备平均每小时收费分别为 30 美元、40 美元、50 美元或更多；反铲挖土机和运营商

---

[9]　www.independentsector.org/programs/research/volunteer_time.html。

范围根据位置和设备收费每小时为 30～60 美元；用链锯的工人根据员工的技能和效率可以每小时为 15～30 美元。

③地役权：涉及临时或永久使用一块土地的项目，由使用该土地的价值来衡量。一块正在使用的径流污染或水体退化的地块的地役权估值可以通过比较获得类似的用作商业或其他目的地役权的成本来进行。沿河流或已被授予作为种植河岸植被缓冲项目的一部分地役权的价值可以以每年租用类似地块的成本。

④资金：直接资助或其他现金支持面源污染减排项目中的一部分可以作为配套资金。如果一个县、非营利组织或其他实体捐赠了一笔钱，或者直接支付支持的一个项目活动，这一数额可以考虑项目配套支持。

3.5　角色定位

管理计划的综合性本质决定了它的成功需要依靠当地、州、联邦机构和其他确定了具体活动组织的相互协作。计划下的管理中各主要合伙人的角色作用已经总结如下。从更详细的层面来说，计划中的个体行为确定了机构和合伙人。

3.5.1　联邦

联邦的角色作用包括以下内容。

①参与协调大会。

②参与并帮助通过政府和非营利组织进行规划为管理计划提供资金。

③为联邦机构制定预算。

④在联邦和州机构中发展更好的相互理解程度，以更好地协调环境保护工作。

⑤为方便监控和累计影响评估提供地图工具和产品。

3.5.2 州

计划的成功直接依赖州机构在协调大会中和在具体的自主行动中的积极参与。州的角色作用包括以下内容。

①参与协调大会和在年度轮流基础上主持会议。

②在联邦和州机构中发展更好的相互理解，更好地协调环境保护工作。

③为方便监控和累计影响评估提供地图工具和产品。

3.5.3 地区

地区实体将在规划成功执行中发挥重要作用。地区机构在计划中的参与是自愿的。地区实体的作用包括以下内容。

①参与协调大会。

②为地区机构筹划预算确定具有优先性的行动。

③形成合约和协议来解决流域范围内的环境问题。

3.5.4 当地政府

区域内有郡、自治市、镇和自治区。鼓励人们积极、自主地参与，得到一个更清洁、健康、更有生产力的生态系统，达到计划的最终成功。当地政府参与计划的行动是自愿的。当地政府的可能作用包括以下内容。

①参与协调大会。

②协调社会和县之间的关系，形成合约和协议来解决区域范围内的环境问题。

③将环境保护准备引入控制计划和发展条例。

④引进"最好的管理"暴雨水管理实践到当地的发展条例中。

⑤对环境问题提供资金投入和评论。

3.5.5 非政府利益相关者

非政府利益相关者包括市民、环境保护组织、工业、小生意、商业和娱乐性捕鱼社团、开发者、船工和普通公众。所有这些利益相关者将会受到计划的影响，并分担计划的执行责任。资源保护的合伙人方法已经在计划中强调，而在实施中会发挥更加重要的作用。

解决可持续发展带来的挑战需要公共和私人部门的广泛支持。非政府利益相关者的参与包括以下内容。

①积极参与协商会议。

②对影响到的环境、经济问题提供资金投入和评论。

③在资金、志愿者和友好服务方面为执行计划提供支持。

④在公众范围和教育工作量方面提供帮助。

4

美国农业面源污染治理成效分析

从 1999 年起，美国国会将 CWA 319 资金支持水平提高 1 倍至 2 亿美元，美国国家环境保护局要求投入约一半的资金（简称基础 319 资金）来实施国家或州面源污染的解决方案，另一半资金（简称增量 319 资金），用以解决利用流域的规划和实施的局部水质问题。流域项目是国家在面源治理项目的中流砥柱，使国家恢复了部分面源受损水体，进而对周围使用这些水体的社区提供了显著好处。流域的规划、实施使州的面源机构迅速、有效地识别面源受损水域，而单独的、有针对性的面源污染治理效果是不够的。这些项目还表明，可以通过和合作伙伴的利益相关者，包括地方、州和联邦机构实施恢复措施。由于 CWA 319 计划及其合作伙伴的努力已使 355 个水体从国家 CWA 第 303（D）条受损水域的名单中成功移除[⑩]，但这代表只有约 1% 的面源受损水体。很显然，有效的州计划和其他 319 投资活动对于实现面源受损水域的恢复以及保护水域的健康至关重要。出于这个原因，国家或州的评价方案的主要工作重点是提高各州如何利用目前的 319 资金达到对项目目标的理解。本部分的主要目的是详细分析对国家或各州如何使用基础和增量资金，基于事实的理解，得出治理效果的结论，并总结成功和可推行的经验，以帮助各州恢复面源污染受损的水域，对未来防止水污染损害健康至关重要。下面将对典型的成功案例进行介绍。

---

⑩　www.epa.gov/nps/success/。

4.1　全国总体评估

2006 年，EPA 湿地、海洋、流域办公室面源控制处（NPSCB）完成了对每个州"最好的"流域计划的审查。审查的目的是评估利益相关者如何按照 2003 年 10 月颁布的"国家和州面源项目及资助准则"中所列的 9 种必需元素并实现高质量流域计划。2006 年的评估发现，虽然一些州能够完成高质量流域计划，但是很多计划的设计还不够精心，或者没有包含足够的信息来支持工作的成功实施。自 2006 年评估后，EPA 总部在制定有效的流域管理计划方面给予指导，包括发布流域规划指导手册，出版上次评估的最佳方案，张贴 EPA 面源网站上的其他示范性计划，并召开研讨会解决流域的规划问题，如建立模型等。

2008 年，EPA 总部决定对流域计划进行第 2 次评估，以确定各州的进展及利益相关者在完成流域计划的 9 个重要组成部分时的水平。2008 年 9 月，从每个州选取并提交"最好"的流域计划报告来执行。2008—2010 年，共对 49 个计划进行了评估。本次评估的目的包括以下内容。

①提高国家对正在努力发展的流域规划和识别改进需求的理解。

②确定流域规划和管理有效、创新的方法，与国家、部落和当地的合作伙伴共享。

③有助于指导今后的活动，以促进改善流域规划和管理。

4.1.1　评估方法

EPA 制定了针对流域计划的 9 个重要组成部分（详见 3.3.3）的评分标准。在每个计划的评估中，每个步骤被赋予了 0～3 分，3 分为最高分。评分由表 4.1 进一步说明。

表 4.1　评分标准

分值	等级
3 分	优秀，已满足标准，包括采用特别有效的方法实现低于最小或超出最大标准
2 分	好，细节部分基本满足标准，如提供的信息足以支持成功实施
1 分	一般，提供的信息涉及实现标准的某些方面，但未能完全解决这个问题
0 分	差，标准没有充分实现

　　同时，每个指标依据其在确保实施该计划达到水质标准的相对水平的重要性被赋予相应的权重。累计每个标准的得分乘以权重即得到总体评分。分数越高代表流域计划的总体实施越趋于成功。进而，找出那些高品质计划的优点供地方政府、流域相关方查看和学习（表 4.2）。

表 4.2　流域计划 9 个主要部分的权重　　　　　　　　单位：%

组分	9 个主要部分的内容	权重
A	识别流域水体受损的原因和污染源或将此流域规划中可能要实现负荷削减的污染源分组	22
B	管理措施（在认识自然变异和准确预测管理措施长时间绩效困难的情况下）实施预计的负荷削减	18
C	实施负荷削减所需的面源管理措施，并确定流域规划中实施管理措施的关键区域（使用地图或文字描述）	14
D	估计实施这项规划所需的技术和财政援助、有关花费、依靠的资源和执行机构	8
E	将用于加强公众理解计划以及鼓励公众尽早和继续参与将要执行的 NPS 管理措施的选择、设计和实施所需的信息、教育组分	8
F	合理迅速地实施规划确定的 NPS 管理措施时间表	6
G	确定 NPS 管理措施或其他控制行动是否正在实施的衡量方法	6
H	用于确定随着时间的推移，负荷削减是否得以实现以及水质达标是否取得实质性进展的一套标准，如果上述目标未实行，这套标准需确定流域规划是否需要修改，或已确立面源的 TMDL 是否需要修订	9
I	评估随着时间的推移，实施工作成效的监测程序，以（H）的标准来衡量	9

4.1.2 评估结果

根据上述评分系统，所有计划的平均得分为 56 %。图 4.1 给出了 CWA 319 规定的流域计划 9 个主要部分的平均分数。然而，许多州继续估算选定的管理措施能够减少的负荷，并制定出衡量负荷减少是否以足够的速率随时间而实现的标准，并取得了标准制定的实质性进展。在 2008 年评估中，主要部分 B 和 H 被认为是有问题的。这 2 个主要部分齐头并进，没有有效的负荷减轻预期。国家没有制定出一个统一的衡量负荷减少是否以足够的速率随时间而实现的标准。

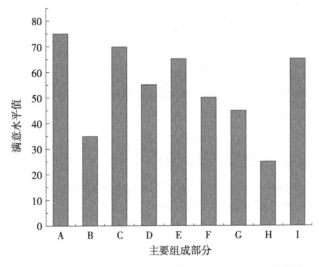

图 4.1 2008 年评估 49 个流域计划中各组成部分的得分

面源污染占据水体污染源的主导地位。在损害的评估河流和小溪前 10 的来源中，只有 1 个点源类别（市政排放、污水）排名第 6，而城市径流，其中包括点源和非点源的组合源，排名第 10。而农业是受损水体的最主要来源，这些面源类别对大部分水体有最主要的贡献。值得注意的是，农业活动（如灌溉用水、养殖或放牧）常常导致水文和生境改变。

尽管小的流域计划是最简单的评估，但流域的大小和计划执行的整体质量之间没有相关性。所提交的 49 个计划中有 40 个小于 1 000 mile^2，其中大部分均显著低于 1 000 mile^2。

表 4.3 列出了组件 A～C 中用到的模型。13 个评估计划仅依靠监测数据，没有使用正式的模型估算管理计划有可能减少的污染负荷。值得注意的是，使用某种模型的流域计划的平均得分是 61 %，比那些没有使用模型的流域计划的平均得分大幅高出 44 %。

表 4.3　2008 年评估 49 个流域计划中用到的部分模型

模型名称	使用数
没有模型	13
Soil and Water Assessment Tool（SWAT）	4
Universal Soil Loss Equation（USLE）	3
ArcView Generalized Loading Function（AVGWLF）	3
Loading Simulation Program in C++（LSPC）	3
Speadsheet Tool for Estimating Pollutant Loads（STEPL）	3
Stormwater Management Model（SWMM）	3
Automated Geospatial Watershed Tool［AGWA，uses Kinematic Runoff and Erosion Model（KINEROS2）and SWAT］	2
Hydrologic Simulation Program Fortran（HSPF）	2
Long Term Hydrologic Impact Assessment（L-THIA）	2
Pollution Reduction Impact Comparison Tool（PreDICT）	2
Annualized Agricultural Non-Point Source Pollution Model（Ann AGNPS）	1
Bacteria Indicator Tool（BIT）	1
Bacteria Source Load Calculator（BSLC）	1
Environmental Fluid Dynamics Code（EFDC）	1

沉积物、菌和营养物质都是在流域计划管理中最常见的污染物（表 4.4）。

表 4.4　2008 年评估 49 个流域计划中的污染物

污染物	流域数
沉积物	24
细菌（大肠菌群、大肠杆菌）	19
营养成分（氮、磷同时存在）	16
磷	8
重金属（镉、锌、铅、汞、铜）	8
温度	7
溶解氧	6
受损的水生群落	5
除草剂、杀虫剂（包括莠去津、滴滴涕）	4
生物需氧量	3
pH 值	3
氮	2
水量	2
环芳香烃	1
石油和油脂	1
垃圾	1
盐	1
硒	1
有毒生物、外来物种	1

4.2　典型案例评估

4.2.1　马萨诸塞州怀特岛池塘——减少营养物质负荷

　　马萨诸塞州怀特岛由 2 个独立的盆地组成，池塘中蔓越莓种植造成了多余的总磷（TP）。因池塘水质差促使马萨诸塞州的环保部门于

1992 年增加池塘进入受损水域的国家名单。项目合作伙伴一方面记录商业蔓越莓沼泽中当前的营养物，另一方面研究利用低磷肥维持产量，同时减少营养物的可行性。合作伙伴实行最佳管理措施，减少养分投入。其结果是，怀特岛池塘盆地的水质得到改善。马萨诸塞州的环保部门预计到 2015 年年底池塘将满足其指定用途。

4.2.1.1 存在的问题

怀特岛池塘在马萨诸塞州秃鹰湾流域东南部。这个 291 acre 的天然淡水防渗池由 2 个主要流域组成：124 acre 的西白岛旁（西盆地）和 167 acre 的东白岛旁（东盆地）。流域土地利用为 57% 的森林、16% 的住宅和 27% 的农业用地。

马萨诸塞州在东盆地的监测显示，1976—1978 年总磷的含量由 0.01 mg/L 增至 0.05 mg/L。类似水质问题在西方盆地也有较小程度的呈现。藻类大量繁殖，偶尔出现死鱼。无论怀特岛池塘东部和西部的总磷均达到受损水域的标准，1992 年马萨诸塞州环保部门指出污染因素有总磷、多余的藻类生长、溶解氧、非天然水生植物及浊度。营养素主要来自蔓越莓的施肥、家用化粪池系统和沉积物的自然释放等。

4.2.1.2 项目亮点

2001 年马萨诸塞州环保部门批准资金给马萨诸塞州大学蔓越莓试验站进行商业蔓越莓沼泽多年磷动态的实地考察。该研究主要集中在低磷肥、作物产量、测试程序、洪水管理及养分从进入沼泽到东盆地排放的平衡等试验。通过结合沉积物负荷预测，化粪池系统的估计和流域土地利用源信息这些数据制定了磷的总最大日负荷（TMDL）。同时经测定，24% 的磷负荷来自蔓越莓沼泽洪水的直接排放，另外 49% 的磷负荷与每年夏天沉积物释放的磷有关。

2012 年，马萨诸塞大学蔓越莓试验站用 1/3 的 CWA 319 资金，继续进行蔓越莓池塘化肥减少施用，发展铁砂过滤器及其他最佳管理实践。马萨诸塞州环保部门与麻省理工学院蔓越莓试验站和蔓越莓种植者的密切合作，确定在保持生产力的同时，低化肥施用量可能会被应用到蔓越莓沼泽，另外采用各种水管理办法（如蔓越莓排水改道）减少化肥投入池塘。

4.2.1.3　结果

通过降低池塘磷肥的施用量和营养负荷排放的分流，怀特岛池塘的水质得到了改善。自 2008 年以来收集的数据表明，水体的透明度得到提高、总磷浓度下降超过 40 %（图 4.2）。蔓越莓相关的营养来源降低90 % 以上。

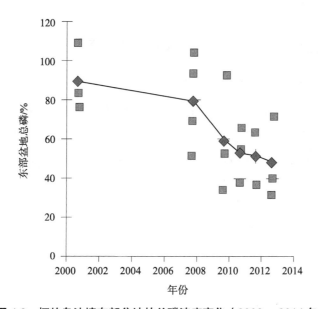

图 4.2　怀特岛池塘东部盆地的总磷浓度变化（2000—2014 年）

因为沉积物的扩散和冲刷，总磷的下降速度已趋于稳定。马萨诸塞州环保部门继续监测，并通过适应性管理做出进一步调整。

4.2.1.4　合作伙伴和资金

除了马萨诸塞州环保部门的面源计划和马萨诸塞州环保部门的东南亚区域办事处，其他合作伙伴包括麻省理工学院蔓越莓试验站、蔓越莓种植者协会和2家商业蔓越莓种植者。共216 913美元的资金支持项目，包括：2001年187 197美元到麻省理工学院蔓越莓试验站，2009年29 716美元到蔓越莓种植者协会。

2009年，卡弗镇用16 500美元更新和分发蔓越莓种植的最佳操作实践指南。该合作伙伴项目包括蔓越莓种植者协会、麻省理工学院蔓越莓试验站和巴泽兹湾。马萨诸塞州环保部门还曾与马萨诸塞州的粮食和农业部门、马萨诸塞大学签订合作协议书，明确具体研究、最佳管理实践及完成水质改善报告等。

4.2.2　密歇根州开利河——恢复湿地生境

开利河位于密歇根州伊顿县，是格兰德河的支流，流经密歇根州兰辛附近的快速发展地区。历史悠久的河道和邻近城市的径流造成河岸侵蚀、高沉积速率、退化的鱼类和底栖动物群落等水生栖息地被破坏。密集的河流恢复和降水滞留活动导致2个监测点的鱼类种群增加。

4.2.2.1　存在的问题

密歇根州把4 mile段的河段（从开利河与格兰德河上游的汇合点到州际公路496）列入受损水体已超过10年。密歇根州水质标准要求该州内所有的地表水都要保护，包括水生生物和野生动物。开利河的生物评估表明，大型底栖动物群落被评为较差，这促使密歇根州环境质量部门于1996年开始治理名单上的部分受损水域。

密歇根州环境质量部门确定，在该河段受城市径流、差的栖息地和过多的泥沙沉积导致生物群落的质量降低。2002年密歇根州制定了开利河生物群落的最大日负荷（TMDL）。TMDL 指出，开利河实现密歇根州水质标准的指定用途，需要评估大型底栖动物群落和栖息地。

4.2.2.2　项目亮点

2000 年，一队承包商、地方机构和志愿者使用来自密歇根州的资金稳固和恢复了通道。这些项目提高了河道的稳定性，改善了栖息地，并重新连接了河道与洪泛平原。河道的上游末端被缩小，重新稳定了河流的蜿蜒结构。整个恢复范围安装了各种稳定结构。

2002 年，项目合作伙伴在流域源头修建了湿地，拦截降水径流，减少河流冲刷，以及缓解暴雨后河流迅速上涨及快速下降。2004 年，沿小溪安装了 50 个大型的木箱，为鱼类提供住所和休息点。

此外，伊顿县的排水委员会也在加强降水滞留和整个流域的上半部分流量控制，以稳定渠道、降低流速、减少下游的冲刷、减少洪水量。这项工作正在进行中。

4.2.2.3　结果

表 4.5 中的数据代表了项目评估的进展情况。密歇根州在项目区域内的 2 个地点收集了鱼类、无脊椎动物和水生栖息地质量的 2 期数据，包括恢复前（2000 年）和恢复后（2006 年），同时额外收集了 2007 年的鱼类数据。鱼类数据显示，在 2 个监测点鱼类种群的数量均有所增加，分别增加了 1 倍和 4 倍以上；大型底栖动物种群没有迅速回应；类群总数和污染敏感类群（蜉蝣、石蝇和石蛾）的数量与 2006 年相比也没有大幅改变。

截至 2006 年，一个监测点的水生生境基本持平，另一个监测点则有所改善。然而，在 2007 年的非正式检查中发现了贻贝，贻贝被列为密歇根州特别关注的天然动物种类清单。

表 4.5　开利河项目区 2 个位置恢复前后：鱼类、无脊椎动物、
水生生物和栖息地的数据

项目	2000 年（恢复前）		2006 年（恢复后）		2007 年（恢复后）[a]	
	Site 3	Site 5	Site 3	Site 5	Site 3	Site 5
	鱼					
类群数量	5	3	12	9	12	12
	无脊椎动物					
类群数量	12	9	9	15	—	—
EPT[b]	2	1	1	1	—	—
等级	可接受	差	可接受	可接受	—	—
	栖息地					
等级	好	差	好	很好	—	—

注：a. 2007 年开始大型底栖动物和栖息地调查，正在完成中。
　　b. EPT= 蜉蝣、石蝇和石蛾 3 个常见的底栖动物群落污染敏感的水生昆虫的
3 个数量级。

迄今开展的恢复活动已经稳定了河道及其水文，减少河岸侵蚀，改
善水生栖息地。鱼类和底栖动物群落都开始响应，今后的监测应显示生
物群落进一步改善，最终使开利河退出清单。

4.2.2.4　合作伙伴和资金

2000 年和 2002 年，密歇根州共提供密歇根清洁激励型基金
1 263 555 美元给伊顿县排水委员会恢复河道和建设湿地项目。排水委
员会共提供 653 943 美元作为配套资金。

4.2.3　北卡罗来纳州纽斯河流域——降低氮输入

农作物、牧草和动物饲养场的氮径流是纽斯河频繁的藻类大量繁
殖、缺氧条件下鱼类死亡的主要贡献者。纽斯河是雅宝—帕姆利科河口
系统的 3 个主要河流之一。农业的最佳管理措施，如建立缓冲区、等高

种植、免耕播种等，导致了河口氮负荷下降了42%，超过了最大日负荷（TMDL）减排目标总要求的30%。本次氮减持，再加上额外的点源氮的减少，导致纽斯河仅河口河道中的氮就降低27%。

4.2.3.1 存在的问题

在6 000 mile^2 的流域河口区，其水质问题已超过1个世纪。农业径流的高氮水平造成频繁的藻类大量繁殖和缺氧条件下鱼类的大量死亡。1993年，北卡罗来纳州流域减少氮的点源和面源排放。

4.2.3.2 项目亮点

1997年，北卡罗来纳州环境管理委员会通过了国家的第1个强制性计划，控制流域2个点源和面源污染。2003年，制定TMDL计划，强制性要求点源、城市和农村减排30%的氮。EMC与相应的面源机构一起实施最佳管理措施，以减少整个流域沉积物和养分流失。

城市和农村的来源30%为目标最佳管理措施的实施，以减少沉积物和整个流域养分流失。1996—2003年，1/2的农田纳入最佳管理措施的实施，如缓冲区、等高种植、免耕播种等。

4.2.3.3 结果

2003年的数据显示，纽斯河地区的农业实现了氮减少42%，超过由EMC和纽斯河TMDL设置目标的30%。在盆地的下部，邻近纽斯河口建立了连续监测系统。长期的营养物质监测数据显示，与1991—1995年的平均流量调整浓度的基线相比，2003年河道的氮减排了27%。新的农业实践也导致了较低的磷含量，减缓侵蚀，同时少用化肥也增加了农民的收入。最佳管理措施防止了超过48万t的土壤被侵蚀冲走（图4.3）。

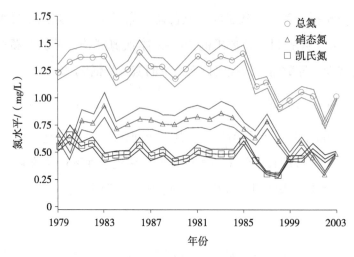

图 4.3　1979—2003 年纽斯河堡巴韦尔的氮浓度

4.2.3.4　合作伙伴和资金

全流域的努力汇集了整个流域的不同利益相关方。项目合作伙伴包括北卡罗来纳州的水质部门、北卡罗来纳州的水土保持部门、北卡罗来纳州合作推广服务、北卡罗来纳州农业局、杜克大学、纽斯河基金会、农业部农业自然资源保护局以及当地农业、环境和科学界。资金来自政府和非政府以支付最佳管理措施和技术援助。2002 全年超过 1 200 万美元投入到项目实施,直接促成最佳管理措施的实施,并与农民合作,以确定合适的施肥量。其他项目资金由美国农业部自然资源保护局环境质量激励计划(470 万美元)、北卡罗来纳州农业成本分担计划(320 万美元)和清洁水管理信托基金(270 万美元)。资金数额不包括纽斯河地区农民投入的费用。

5

美国农业面源污染治理制度对我国的启示

5.1　我国面源污染治理制度现状

我国真正意义上的面源污染研究是 20 世纪 80 年代的北京城市径流污染的研究及全国湖泊、水库富营养化调查和河流水质规划研究；但研究范围较窄，管理实践进展也较为缓慢。

我国现行法律对面源污染的控制极其少见。尽管我国《中华人民共和国环境保护法》第二十条规定："各地人民政府应当加强对农业环境的保护，防治土壤污染、土地沙化、盐渍化、贫瘠化、沼泽化、地面沉降和防治植被破坏、水土流失、水源枯竭、种源灭绝以及其他生态失调现象的发生和发展，推广植物病虫害的综合防治，合理使用化肥、农药及植物生长激素"；《中华人民共和国水法》第三十条、第三十一条规定："县级以上地方人民政府水行政主管部门和流域管理机构应当对水功能区的水质状况进行监测，发现重点污染物排放总量超过控制指针的，或者水功能区的水质未达到水域使用功能对水质的要求的，应当及时报告有关人民政府采取治理措施，并向环境保护行政主管部门通报""国家建立饮用水水源保护区制度。省、自治区、直辖市人民政府应当划定饮用水水源保护区，并采取措施，防止水源枯竭和水体污染，保证城乡居民饮用水安全"；《中华人民共和国农业法》第五十七条对合理利用和保护土地、水等自然资源进行了规定，第五十八条对保护耕地、合理施用化肥、农药进行了规定，第五十九条对加强小流域综合治理，预防和治理水土流失也进行了规定，但是，未能明显地体现出对面源污染的控制措施。我国现行《中华人民共和国水污染防治法》（以下简称《水污染防治法》）中的条款仍然主要针对来自点源的排放进行控制，现行《水污染防治法》体系对企业建设项目的控制、生产环节的控制和污染物处理、对城市生活用水的处置都只体现了"末端控制""点源控制"的指导思想。虽然《水污染防治法》第三十八条、第三十九条对使用农药进行了限制性规定，第四十条对船舶污染进行了规定，第四十四条对防治地下采矿活动污染地下水做出了规定，但这些规定仅仅倡导的是"预防为主，防治结合"原则，实际仍局限于对污染物排放的控制和治理上，根本无法体现"源头控制"，对面源污染的控制更是无从谈起。

在政策法规方面，近十几年来出台的一些保护环境的行政法规及其规章，如关于农药化肥施用的规定，虽然涉及面源污染，但其主要目标是保障农产品安全；1994年生态示范区建设中的若干环境指标与国家环境保护总局于20世纪90年代末先后在巢湖、太湖、滇池流域全面禁磷的规定，虽然也涉及面源污染，但普遍不够细化、针对性不强且缺乏法律强制效力，收效甚微。

农村大规模畜禽养殖造成的污染已引起政府的关注，国家环境保护总局已分别于2002年和2003年正式发布了《畜禽养殖业污染防治技术规范》和《畜禽养殖业污染物排放标准》，这是我国在面源污染管理方面的重要举措，但对于日益严峻的面源污染形势来说还是远远不够的。

此外，省、自治区、直辖市和一些计划单列市也制定了一些加强面源污染管理方面的地方行政法规，例如，2006年12月26日深圳市政府四届四十九次常务会议审议公布了《深圳生态市建设规划》。该规划第三十九条明确规定："大力控制面源污染。加强城市径流设计，收集处理城市初期雨水；限制果园化肥、农药使用，控制面源污染。开展流域污染物排放容量总量控制。建设污水截排管网、集中污水处理厂和分布式污水就地处理工程，提高污水处理的建设标准。实施主要污染河流清淤工程、生态恢复工程、生态补水工程和重点工业污染源达标控制，提高水环境质量"。可以看出，上述规定只能算作与面源污染相关，虽然客观上有利于面源污染的防治，但是对于产生或预防、治理面源污染的各种社会行为没有明显的约束力。

面对当前日益恶化的面源污染形势，我国当务之急的工作是：结合面源污染本身的特点和本国国情，加快面源污染控制的立法工作，尽快完善综合性环境保护法律法规。与此同时，如果能建立一套适合我国国情的关于面源污染防治的法律法规体系，或是在环境保护相关的各个部门法中加入关于面源污染防治的相关条款，不仅可以完善我国的环境法体系，而且将会对我国在防治面源污染的工作上起到保障和推动作用。

5.2   我国面源污染治理存在的问题

5.2.1   对面源污染研究重视不够

我国在水环境研究中已开始注意面源污染问题，但是对其严重性和研究的重要性仍认识不足，水环境面源污染研究未得到应有的重视。之所以造成这种状况，是因为面源污染十分复杂，加之当前我国水环境点源污染问题严重并且尚未得到解决，注意力主要集中于点源污染的控制和管理。与点源污染研究相比，面源污染研究方面的科研工作显得十分薄弱，希望有关领导部门加强对这方面科研工作的支持。

5.2.2   面源污染研究与污染物总量控制规划脱节

在我国除了点源污染以外，面源污染也占有相当比重。但目前以控制污染、改善水质为目的加紧实施的总量控制与排污权交易制度，主要建立在水环境的点源污染研究之上，基本未考虑面源污染对水质的影响。实际上，现已分配到排污口，仍有相当一部分来自面源，致使企业负担过重、经济效益受损。这既不利于总量控制与排污权交易制度的顺利实施，又很难达到预期的环境目标。

5.2.3 面源污染研究手段孤立、分散

目前，我国面源污染研究工作的开展主要依赖于野外人工调查和监测，对人工模拟试验、遥感技术、计算机技术（主要为信息系统和专家系统）的应用水平不高。这些方面，除了一些零散的、初步的工作以外，未进行过全面、系统的研究，更没有开展这些手段的综合应用研究，制约了面源污染研究的发展。

5.2.4 面源污染控制对策研究薄弱

受制于当前水环境面源污染研究状况和水平，我国面源污染的控制、管理研究基本处于空白状态。这一局面不利于控制污染、改善水质，需要加强控制对策研究。

综上所述，我国对水环境面源污染问题的严重性及开展研究重要性的认识有待提高，研究方法、手段及管理控制对策等许多方面有待进一步发展。

5.3 我国面源污染治理展望

鉴于当前我国水环境面源污染治理中存在的问题及国外面源污染治理的发展趋势，今后我国面源污染治理应注意如下问题。

5.3.1 积极开展面源污染治理对策研究，提高面源污染治理效率

点源污染与面源污染的发生机制有很大区别，面源污染变化大、不

确定性强。目前正在推广实施的污染物总量控制与排污权交易制度是控制点源污染的有效途径，为使该项工作健康发展，必须尽快弄清面源污染所占水环境容量比重，使污染物允许排放总量的分配真正最优化，有利于经济与环境持续、协调发展。同时，根据国内外多年的实践，结合土地利用规划，寻求面源污染控制的最佳途径是一个亟待探索的领域。

5.3.2 加强人工试验模拟及面源污染信息系统与专家系统开发，推动面源污染控制研究

人工模拟试验与实地考察相结合是当今面源污染研究的主要发展趋势之一。目前，以野外实地调查为主的研究方法，受自然条件的严格限制，研究周期长，耗资高，并且往往达不到预期的目的。如果进行人工模拟试验，则不但能克服上述不足，而且能充分揭示不同条件下面源污染物的发生和迁移转化规律，是一个十分简便、有效的途径。

美国、日本等已将信息系统技术乃至专家系统技术相继引入面源污染控制研究领域。这些先进的技术，以其快速、灵活、人机对话、图形显示等特性，特别适合于用于研究面源污染这一包含多要素的复杂现象，显示出强大的生命力，是一个具有很大发展潜力的新领域，将必然成为今后面源污染研究发展的一个突出特征。目前，我国对面源污染信息系统的研制略有涉及，但专家系统的研究仍属空白，需要尽快加强研究，缩小与国外研究水平的差距。

5.3.3 实施最佳管理措施，削减面源污染

我国在面源污染的最佳管理措施研究近几年才起步，需要借鉴发达国家在 BMPs 应用上的经验，并结合区域实际情况，合理发展和使用 BMPs 控制面源污染。BMPs 是防治或减少农业面源污染的有效技术之一，主要用来控制农业活动中污染物的产生和运移，防止污染物进入水体，避免农业面源污染形成。通过技术手段有效减少农业面源污染，其

着重于源管理，包括有害生物综合治理、综合肥力管理、农田灌溉制度等。

同时结合国外的成功经验及区域实际情况，应分段、分片以集水区为单位制定亚流域的面源污染源头控制技术、末端治理技术以及宏观管理措施等。

5.3.4　争取多渠道资金支持

我国的环境立法遵循"污染者付费"原则，但是由于我国的河流、湖泊属于国家所有，许多造成面源严重污染的老工业企业多为国有企业，污染者对于其应承担的责任和义务尽可能逃避，在操作层面上实行"污染者付费"原则存在较大难度。开发商、土地购买者等获利者，注重的是开发地块的优越地理位置，而对于利用过程中所遗留的污染很少顾及，也不会主动承担治理修复中的费用。然而，面源污染控制涉及面广、难度大、时间尺度长、所需经费多。如购买取样设备费、交通费以及检测费等，也都需要有一定的经济支持。解决好经济来源问题，是推广面源污染防治计划、实施最佳管理实践的关键，可以采取 3 种方式解决资金问题：政府、自筹和企业冠名赞助。

国家已经完成和正在执行的科技专项包括由生态环境部和自然资源部联合启动的全国土壤调查（经费 10 亿元）和水体污染控制与治理科技重大专项（经费 300 多亿元）。两大科技专项开展了污染土壤综合治理试点，突破水体"控源减排"关键技术，突破水体"减负修复"关键技术及突破流域水环境"综合调控"成套关键技术，为我国水体污染控制与治理提供了强有力的科技支撑。

5.3.5　多部门之间的协作

环境保护行政主管部门应加强与其他部门在各项环境管理工作中的合作和交流，例如信息的沟通和共享，通过联席会议、论坛等形式在立法、规划、环保政策、监测等领域实现信息的共享、交流；针对特定的面源污染物进行相关部门之间的合作；就区域某种介质的污染防治规划等进行部门之间的统一规划；各部门对于突发事件的合作和协调，构建面源突发事件应急管理的长效机制等。

同时，借鉴发达国家环境管理的先进经验，根据我国环境管理的特点和需求，采用多种形式的协调手段，建立健全部门协调管理体系。例如环境保护行政主管部门通过与其他部门建立各种"伙伴关系"来处理跨部门的环境事务争端，就某些具体问题通过签订谅解备忘录、签署协调管理和执法的合作协定或设立常设性组织结构等形式来确定各自在环境保护方面的责任和义务。

5.3.6　公众参与

加强宣传教育及环境信息传播，提高公众的环保觉悟和参与意识。面源污染治理要求公众协助制定资源计划，而不是仅仅接受某个由政府机构准备好的计划。应该有许多利益相关方包括商人、环境学家、教师和居民协助完成。尤其我国公众的环保意识及态度淡薄，缺乏对自身行为与环境之间关系的认知，农民仍停留在只关心减少化肥农药用量会对作物产量及质量造成影响，而漠视其生产活动对环境的损害。

参 考 文 献

樊娟，刘春光，石静，等，2008.非点源污染研究进展及趋势分析［J］.农业环境科学学报，27（4）：1306-1311.

贺瑞敏，张建云，陆桂华，2005.我国非点源污染研究进展与发展趋势［J］.水文，25（4）：10-13.

BISHOP P L, 2005. Multivariate analysis of paired watershed data to evaluate agricultural best management practice effects on stream water phosphorus［J］. Journal of environmental quality, 34（3）：1087-1101.

GITAU M W, 2005. A tool for estimating best management practice effectiveness for phosphorus pollution control［J］. Journal of soil and water conservation, 60（1）：1-10.

JAMES E, 2007. Phosphorus contributions from pastured dairy cattle to streams of the Cannonsville Watershed［J］. Journal of soil and water conservation, 62（1）：40-47.

KHAIRY M, 2014. Spatial trends, sources, and air-water exchange of organochlorine pesticides in the Great Lakes Basin using low density polyethylene passive samplers［J］. Environmental science & technology, 48（16）：9315-9324.

MITCHELL K M, 1996. Using a geographic information system（GIS）for herbicide management［J］. Weed technology, 10（4）：856-864.

PANNO S V, 2001. Determination of the sources of nitrate contamination in karst springs using isotopic and chemical indicators［J］. Chemical geology, 179（1-4）：113-128.

RICHARDS R P, 1993. Psticide concentration patierns in agricultural drainage networks in the lake Erie Basin [J]. Environmental toxicology and chemistry, 12（1）: 13-26.

ROSEN M R, 2008. Introduction to the US geological survey national water-quality assessment（NAWQA）of ground-water quality trends and comparison to other national programs [J]. Journal of environmental quality, 37（5）: S190-S198.

SCHULER C A, 1990. Selenium in etlands and water fowl foods at Kesterson-Reservoir, California [J]. Archives of environmental contamination and toxicology, 19（6）: 845-853.

SINCLAIR J L, 2000. Enumeration of cryptosporidium spp. in water with US EPA method 1622 [J]. Journal of aoac international, 83（5）: 1108-1114.

SPALDING R F, 1993. Occurrence of nitrate in groundwater-a review [J]. Journal of environmental qualitym, 22（3）: 392-402.

The U.S. Congress Congress, [2022-01-13]. Coastal Zone Act Reauthorization Amendments（CZARA）Section 6217 [EB/OL]. http: //water.epa.gov/polwaste/nps/czara.cfm.

U. S. Department of Agriculture, [2014-06-02]. Visualization survey specification of instream [EB/OL]. http: //www.nrcs.usda.gov/technical/ecs/aquatic/svapfnl.pdf.

U. S. Environmental Protection Agency, [2011-01-03]. Guidance manual for developing best management practices（BMPs）, in EPA 833-b093-0041993 [EB/OL]. https: //www3. epa. gov.

U. S. Environmental Protection Agency, [2011-11-02]. A National Evaluation of the Clean Water Act Section 319 Program, in Office of Wetlands, Oceans, &Watersheds, Assessment & Watershed Protection Division, Nonpoint Source Control Branch [EB/OL]. https: //www.epa.gov.

U. S. Environmental Protection Agency, [2011-11-02]. Watershed Based Plan Review-final report in Office of Wetlands, Oceans & Watersheds Assessment

& Watershed Protection Division, Nonpoint Source Control Branch 2011 [EB/OL]. https: //www. epa. gov.

U. S. Environmental Protection Agency, [2013-04-08]. Guidance on the use of Associated Program Support Costs by the Pollution Control (Section 106) program for States, Interstates and Tribes 2013: washington, D. C. [EB/OL]. https: //www. epa. gov.

U. S. Environmental Protection Agency, [2013-04-12]. Nonpoint Source Program and Grants Guidelines for States and Territories, 2013: U. S. Environmental Protection Agency (4503T), 1200 Pennsylvania Avenue, NW, Washington, DC 20460 [EB/OL]. https: //www.epa.gov/nps/319.

U. S. Environmental Protection Agency, [2014-04-03]. EPA's Handbook for Developing Watershed Plans to Restore and Protect Our Waters [EB/OL]. http: //www.epa.gov/nps/watershed_handbook.

U. S. Environmental Protection Agency, [2014-06-07]. The Visual Assessment, in EPA's Volunteer Stream Monitoring: A Methods Manual (EPA 841-B-97-003) [EB/OL]. http: //www. epa. gov/owow/monitoring/volunteer/stream/vms32. html.

U. S. Environmental Protection Agency, [2014-07-02]. Watershed Funding [EB/OL]. http: //water. epa. gov/type/watersheds/funding. cfm.

U. S. Environmental Protection Agency, [2014-07-10]. Water Pollution Control Program Grants (Section 106) [EB/OL]. https: //www. epa. gov/water-pollntion-control-section-106-grans.

U. S. Environmental Protection Agency, [2014-08-08]. Guide lines for the Preparation of State Water Quality Assessments [305 (b) Reports] [EB/OL]. http: //www.epa.gov/nps/categories.html.

U. S. Environmental Protection Agency, [2014-10-01]. Clean Water Act Section 319 (h) Grant Funds History [EB/OL]. http: //water. epa. gov/polwaste/nps/319hhistory. cfm.

U. S. Environmental Protection Agency, [2014-10-02]. Massachusetts: White

Island Pond, Reducing Nutrients from Cranberry Bogs Improves Pond [EB/OL]. http: //water. epa. gov/polwaste/nps/success319/ma_white. cfm.

U. S. Environmental Protection Agency, [2014-10-02]. Michigan: Carrier Creek, Stabilizing Streambanks and Restoring Wetlands Improves Habitat [EB/OL]. http: //water. epa. gov/polwaste/nps/success319/mi_carrier. cfm.

U. S. Environmental Protection Agency, [2014-10-02]. North Carolina: Neuse River Basin, Basin-wide Cleanup Effort Reduces Instream Nitrogen [EB/OL]. http: //water. epa. gov/polwaste/nps/success319/nc_neu. cfm.

U. S. Environmental Protection Agency, [2016-08-18]. National Water Quality Inventory: Report to Congress [EB/OL]. https: //www.epa.gov.

U. S. Environmental Protection Agency, [2022-05-31]. Handbook for Developing and Managing Tribal Nonpoint Source Pollution Programs in Nonpoint Source Control Branch-4503 (T) [EB/OL]. https: //www. epa. gov.

U. S. Environmental Protection Agency, [2022-07-05]. EPA's Handbook for Developing Watershed Plans to Restore and Protect Our Waters [EB/OL]. https: //www. epa. gov.

Watershed Priorities: Morro Bay, [2014-04-05]. USEPA [EB/OL]. https: //www. slocounty. ca. gov.